啊哈C语言！

逻辑的挑战

(修订版)

啊哈磊 / 著

电子工业出版社
Publishing House of Electronics Industry
北京•BEIJING

内 容 简 介

这是一本非常有趣的编程启蒙书，全书从中小学生的角度来讲述，没有生涩的内容，取而代之的是生动活泼的漫画和风趣幽默的文字。配合超萌的编程软件，本书从开始学习与计算机对话到自己独立制作一个游戏，由浅入深地讲述编程的思维。同时，与计算机展开的逻辑较量一定会让你觉得很有意思。你可以在茶余饭后阅读本书，甚至坐在马桶上也可以看得津津有味。编程将会改变我们的思维，教会我们如何思考，让我们的思维插上计算机的翅膀，以一种全新的方式来感知世界。

图书在版编目（CIP）数据

啊哈 C 语言！：逻辑的挑战 / 啊哈磊著. —修订本. —北京：电子工业出版社：2017.1
ISBN 978-7-121-30462-0

Ⅰ. ①啊… Ⅱ. ①啊… Ⅲ. ①C 语言－程序设计－青少年读物 Ⅳ. ①TP312.8-49

中国版本图书馆 CIP 数据核字（2016）第 284866 号

责任编辑：徐津平
印　　刷：中国电影出版社印刷厂
装　　订：中国电影出版社印刷厂
出版发行：电子工业出版社
　　　　　北京市海淀区万寿路 173 信箱　邮编 100036
开　　本：787×980　　1/16　　印张：13　　字数：255 千字
版　　次：2013 年 9 月第 1 版
　　　　　2017 年 1 月第 2 版
印　　次：2024 年 9 月第 39 次印刷
定　　价：49.00 元

凡所购买电子工业出版社图书有缺损问题，请向购买书店调换。若书店售缺，请与本社发行部联系，联系及邮购电话：(010) 88254888，88258888。

质量投诉请发邮件至 zlts@phei.com.cn，盗版侵权举报请发邮件至 dbqq@phei.com.cn。

本书咨询联系方式：(010) 51260888-819，faq@phei.com.cn。

修 订 版 序

　　自《啊哈 C》出版以来，我与编程爱好者们便有了更多的交流机会。这些编程爱好者之中不乏大学生、中学生、老师、家长，更有小学二、三年级的学生。令我惊喜的是，二、三年级的小读者们与我探讨的并不是浅显的语法或 BUG 调试问题，更多的是他们通过独立思考发现的书中的错误，他们向我阐述自己的思想，与我交流游戏开发中遇到的逻辑、算法等。还有一些读者留言说："这本书不仅仅是小学生坐在马桶上都能看懂的书，是连我妈妈或是我姥姥都能看懂的编程书！"这些读者实在是太捧场了，有幸让我体验了一次漫卷诗书喜欲狂的感觉。也有好多读者看完后直呼不过瘾，常常询问何时能有第二部。一晃已是三年，借此《啊哈 C 语言！逻辑的挑战》修订之际，第二部《啊哈 C 语言！游戏实验室》也如期而至，它景致依旧，故事常新，希望你能喜欢！让我们再次共同探索编程与梦想的一切可能。

啊哈磊

2016 年 12 月

第 一 版 序

我经常被问到一个问题：当初为什么会去学编程？我的回答是，因为我很喜欢玩游戏。每一个喜欢玩游戏的人，都梦想着可以通过修改游戏的程序使游戏中的自己变得非常强大，而这需要学习编程。其实每一个喜欢玩游戏的人都曾有过创造游戏的梦想，那我们为什么不把这种梦想变成学习的动力呢？我就是这样踏上编程之路的。

牛人肯·汤普逊（Kenneth Lane Thompson）自己编写了一个叫作"星际旅行（Star Travel）"的游戏。而汤普逊为了能更顺畅地玩这个游戏，竟然自己动手用汇编写了UNIX 操作系统。后来他觉得用汇编写 UNIX 操作系统非常麻烦和辛苦，于是和另一个牛人丹尼斯·里奇一起创造了 C 语言。没想到吧，C 语言竟然是一个牛人为了玩自己写的游戏而创造的。其实这在计算机界很正常，程序员们往往就是因为某个游戏或者软件的现有功能不能满足自己的需求，才开发出了更加优秀的游戏和软件。本书中超萌、超简洁的"啊哈 C 语言"编程软件也是这样来的。

我经常被问到的第二个问题：为什么普通人需要关心编程呢？我的答案是，因为当下程序员几乎主宰了整个世界，控制着生活的方方面面。我们住的房子、穿的衣服、吃的东西、用的各种电子产品，以及我们去 ATM 取钱、坐电梯、开汽车、坐飞机、坐火车等，都离不开编程。你坐火车时有没有想过，一条铁轨上同时运行的那么多列火车是如何调度才没有导致它们相撞的。这个时代很难想象还有什么不是通过计算机程序控制的。如果想理解这个时代，就必须理解计算机编程。编程会让我们以一种全新的方式来看世界。当然，在学习编程的过程中还可以提高我们的逻辑推理能力、批判性思维和动手解决问题的能力。与计算机展开的逻辑较量一定会让你觉得很有意思。

我还经常被问到第三个问题：什么样的人可以自学编程，学习编程需要什么基础？答案是，你只需具有小学四年级以上文化程度，并且熟练运用鼠标和键盘就可以。你若不信，那就从这本书开始吧。

编程很容易让我们实现梦想。如果我们觉得某个游戏玩得不爽想提升体验，或者觉得某个软件不够好用想自己做一个，没问题，现在就可以！而唯一的投入就是一台计算机。实现梦想从未变得如此简单。编程世界里每天都上演着传奇，一大批热爱编程并且满怀梦想的人正在充满激情地奋斗着。

编程将会改变我们的思维，教给我们如何思考，会编程的人总想改变点什么。正如乔布斯所说"I think everybody in this country should learn how to program a computer, should learn a computer language, because it teaches you how to think."

啊哈磊

2013 年 9 月

目　　录

第 **1** 章

编程改变思维

第 1 节　为什么要学习编程

　　你是否还在将计算机（电脑）当作上网、聊天和玩游戏的工具？没错，大部分人是这样的。当你拿起本书阅读到这里的时候，太好了，你又多了一个更好的选择，一个独特的机会！

　　在我们生活的这个时代，你会发现有这样一群人，他们对世界的影响越来越大，电视、报纸和网络到处都充斥着他们的身影。比尔·盖茨创立了微软，让计算机更

容易被我们平常人所使用[1]；乔布斯创立了苹果，iPhone、iPad 和 iPod 每一样产品都在改变着我们的日常生活；谢尔盖·布林和拉里·佩奇两个年轻的小伙创立了 Google，使得获取知识变得前所未有的容易；马克·扎克伯格创立了 Facebook，正在改变人与人之间的关系……甚至 12 岁的小软件工程师托马斯·苏亚雷斯[2]都在改变我们的世界。他们是怎样的一群人？他们为什么会创造奇迹？巧的是他们都有一个共同的特点：在少年时都酷爱计算机编程。计算机编程究竟具有怎样的非凡魔力？计算机编程是否给他们带来与常人不同的思维或思考方式？是否是计算机编程为他们开启了不一样的人生道路？

为什么他们从小就开始接触计算机，不但没有沉迷于游戏，反而改变了世界呢？12 岁的托马斯说："现在的孩子们不再只是爱玩游戏，他们还想自己制作好玩的游戏，不过孩子们大多不知道去哪里学习计算机编程，而懂得计算机编程的家长又很少。"

其实每个人在童年时期都曾经有创造游戏的梦想，我们为什么不把这种梦想变成学习的动力呢？大部分孩子在面对计算机的时候都缺乏引导，因为他们不知道计

1　1985 年如果乔布斯没有被迫离开苹果，那这一功劳可能将归于苹果的麦金塔计算机。

2　被誉为"小乔布斯"的 12 岁少年托马斯是美国加利福尼亚州洛杉矶市南湾地区一所学校的 6 年级学生。当大多数孩子还处在玩计算机或手机游戏的时候，托马斯就已经是个能开发游戏程序的"软件工程师"了。托马斯不但为苹果公司的手机操作系统编写了两个游戏程序，还创办了一家软件开发公司。

算机除了上网、聊天和玩游戏外还能做什么。即使有人想深入地学习计算机，也不知道去哪里学，没有方向，更没有一本简单易懂并且有趣的入门书。

计算机从被发明的那一天起，其使命就是帮助我们提高学习和工作的效率并且改变世界。利用计算机编程，你可以轻松解决数学难题。例如，$\square$3×6528=3$\square$×8256，在两个$\square$内填入相同的数字使得等式成立。你觉得这样的题目太简单了？那么来个稍微复杂点的：$\square\square\square$＋$\square\square\square$＝$\square\square\square$，请将 1～9 这 9 个阿拉伯数字分别填入 9 个$\square$中使等式成立，每个数字只能使用一次。计算机可以轻轻松松地解决。如果再复杂一点，我想知道上面这个式子的所有解，通过笔算就很困难了，但如果使用计算机编程去解决，就易如反掌，这正是计算机所擅长的。有时你甚至可以利用计算机编程去验证世界性的数学难题，例如，在 10 000 以内去验证哥德巴赫猜想，也都不成问题。当解决大质数、图论等问题时，计算机编程也是最好的帮手。

那么学计算机究竟是学什么呢？答案是逻辑思维和编程思维。

早在 20 世纪 50 年代，美国教育界就开始重视计算机编程教学。20 世纪 80 年代后，计算机编程教学逐渐进入中小学校，以教程序设计语言为主，目的是提高学生的逻辑推理、批判性思维和动手解决问题的能力。实践证明，学习了计算机编程的中小学生，思考问题的方式变得非常逻辑化，学会了严密的逻辑推理方法，并无形中把它应用到其他学科的学习中。学习计算机编程本质上是在学习一种思维方式——编程思维，它是一种思维体操。青少年本身对计算机有着浓厚的兴趣并且有超强的记忆力，计算机编程将有助于开发其学习潜力，提高逻辑推理能力和解决问题的能力。

学习计算机编程的过程充满乐趣。如果你有一个想法，马上就可以通过编程来实现，并且可以立即看到效果。这种即时的反馈，会让你的学习兴趣变得越来越浓厚，也会让你越来越有信心。这种超强的信心，是你在其他学科中难以感受到的。我还记得我的第一个程序运行成功时的那种兴奋，真是太棒了，你一定要去感受一下，这是你一辈子都不会忘记的感觉。

最后，用笔者一个武汉二中的学生吕凯风[3]学习编程时的感受来结束本小节。

---

[3]　吕凯风（VFK）在 14 岁时以初中生身份获得 NOIP（提高组）一等奖，初三时以全省第一名的成绩入选湖北省队，高一时获得亚洲太平洋地区信息学奥林匹克竞赛（APIO2013）国际金牌，高二时获得 NOI 决赛全国第二名，现被保送到清华大学"姚班"。此外，他还独立创作了"对对棋"和"啊哈图"软件。"对对棋"的启发来源于他的班级同学在课间玩的一个游戏，"啊哈图"则是他在学习计算几何和图论知识时，为了方便解题和调试做的一个类似于"几何画板"的软件。

"记得我那时学编程全凭兴趣，兴趣引导我前进。以前做完了作业打游戏，如今写完了作业就编程。我觉得学会编程后最让自己激动的是，我能用编程来解决几乎所有遇到的数学问题。学数学最强调技巧性，比如 7 的 2000 次方除以 3 的余数是多少？21 212 157 是不是质数？你也许可以用一些小技巧把这两个问题解决掉，但是当我们遇到更难的问题时，往往无能为力。比如 214 125 315 的 123 719 857 次方除以 12 125 987 的余数是多少？2 147 483 647 是不是质数？很多实际问题并不像数学中那么理想和美好，许多数学结论，尽管被证明得很巧妙，式子简洁，但是归根结底，如果它只解决了一个特殊问题，则不具有什么实用价值。所以我更喜欢信息学，它告诉我如何去解决一个一般化的问题而不是一个特殊的有技巧性的问题。编程最让我感慨的是它无与伦比的唯一性与严谨性。"

说到这里你是不是有点心动了？

第 2 节　本书是讲什么的，写给谁看的

在写本书之前，我反复问了自己几个问题：这本书是讲什么的？这本书是写给谁看的？这本书和一般的编程入门书有什么区别？为什么要写这本书？选用哪一门编程语言入门呢？

第一个问题：这本书是讲什么的？

这是一本编程入门书。但是本书的重点并不是编程入门，而是向你展示逻辑思维和编程思维的魅力，让你像程序员一样思考。

第二个问题：这本书是写给谁看的？

编程类图书给大众的印象一直是枯燥并且难懂的。究竟什么样的人才能学习编程呢？大学生？高中生？初中生？……不会连小学生都可以吧？！没错，只要有小学四年级的水平，我想你一定可以学习编程，并且轻松读懂本书的全部内容。

如果你的情况恰好符合以下一点或几点，那么本书正是为你所写的。

（1）如果你想自己制作好玩的游戏，而不是沉迷于别人的游戏中。

（2）如果你曾对数学感兴趣，我想你一定会喜欢这本书。其实学习编程并不需要精通数学，本书不会出现很复杂的数学公式。即使数学不太好，甚至很糟糕，也完全可以阅读。

（3）如果你对逻辑感兴趣，你一定更会喜欢这本书。与计算机展开的逻辑较量一定会让你觉得非常有意思。因为计算机有时会显得不那么听话，你让它向东可它

却偏偏向西，这时候就一定是你编写的程序出现了逻辑问题。而将你的思维清晰有条理地变成计算机程序，就如同一场你与计算机之间的逻辑对决。学习计算机编程能够很好地锻炼你的逻辑思维能力。

（4）如果你从小喜欢拆装玩具、改装小电器或是喜欢变废为宝，我想计算机编程会给你带来更多的创造机会。

（5）如果你正在读《高中数学必修三》的"算法"一章，那么你一定要阅读本书，去了解计算机编程和算法的本质。

（6）正在学习 C 语言的理工科或者文科的大学生们。

（7）准备学习编程的爱好者，或者准备以此为工作的人。

（8）哦，对了，还有就是看了很多编程书籍但是一直没有看懂的人，我想你一定可以轻松读懂本书。

（9）没有那么多原因，就是喜欢计算机。

第三个问题：为什么要写这本书呢？

正如前面所说，计算机是一门科学，如果你只是把它当成上网、聊天和玩游戏的工具，那就太可惜了，你将可能失去一个发现自己才能的机会。即使在计算机编程上有一些天赋，你也有可能失去这一机会。和其他人一样，你必须去主动发现自己的天赋和兴趣，就好比你从来没有吃过冰淇淋，就不可能知道自己喜欢吃冰淇淋。然而，如果学习了计算机编程，你就会发现计算机编程就如同玩游戏一样有趣，充满活力的思考过程就如同一场比赛令人兴奋。在感受到了计算机编程给你带来的乐趣后，你就再也不会沉迷于计算机游戏，计算机编程将成为你生活中不可缺少的一部分，成为你的一种爱好，成为你的一种学习动力。我想有更多人期待去了解计算机编程。

最后一个问题：选用哪一门编程语言入门呢？

学习编程的重点在于学习编程的逻辑和思维。本书选用较为简单的 C 语言。你可能要问为什么不选 C++、C#、Java 或者 Python 之类。因为我觉得相比之下 C 语言最为单纯，没有那么多乱七八糟的东西，非常简洁。即使以 C 语言为载体，我也尽量做到重点去讲解最有用的内容，而不是 C 语言的高深语法或者我至今都没有用过的"奇怪"语句。这样就有更多的时间去思考如何解决问题，去关注编程的逻辑和思维。

当然，说到底 C 语言仅仅是我们与计算机沟通的一门语言而已，相信你在阅读完本书之后，可以很轻松地上手任何一门语言，因为其本质都是一样的。根据 TIOBE index 的程序语言年度排名，2012 年最流行的编程语言正是有着 40 年历史的 C 语言，它战胜了 Java 语言位居 TIOBE index 榜首，这或许也能说明 C 语言的重要性吧。以 C 语言为根本，将帮助你更好地去理解编程的思想，而不仅仅是学会编程。

另外我想告诉你，编程真的是一件非常有趣的事。你就像是一个指挥官，让计算机毫无怨言地为你工作。通过编程，你将体会到战胜困难和挑战后的快乐与满足。编程的世界充满无限的可能，只有想不到，没有做不到。当然在编程的时候也会遇到很多问题，我在书中也为你设置了绊脚石，希望你能够顺利地把它找出来。尽信书，不如无书。学习不但要细致，还要有思辨的能力，这样才会有创新，才能总结并创造出自己的东西。现在开始自己动手编程，不要放弃曾经的梦想，大胆地创造你的作品。

艾伦·凯曾经这样说道："在自然科学中，是大自然给出一个世界，而我们去探索其中的法则。对于计算机来说，却是我们自己来构建法则，创造一个世界。"

当下，我们的学习不应该再忙碌于重复的计算、记忆等技能。阅读、逻辑推理和主动思考等技能将成为学习的重点。我们应该使用计算机来增强自己的智能，同时发挥人类独有的创造天赋，让我们的思维插上计算机的翅膀。

最后，我保证本书一定不是那种枯燥无味的编程入门书，并且在此之前你一定没有读过如此生动好玩的编程入门书。你可以在茶余饭后阅读本书，或许蹲在马桶上时也可以看得津津有味。现在就让我们一起走进计算机编程的神奇世界，探索和发现计算机编程的魔力吧！

第 **2** 章

梦 想 启 航

第 1 节 编程的魔力

从一个神奇的数字说起——2 147 483 647。

2 147 483 647 是一个质数（也称为素数，即只能被 1 和其本身整除的数）。发现这个质数的人是伟大的数学家欧拉。1722 年，他在双目失明的情况下，以惊人的毅力靠心算证明了 2 147 483 647 是一个质数，堪称当时已知的世界上最大的质数，他也因此获得了"数学英雄"的美名。现在你通过计算机只需要 1 秒就可以证明 2 147 483 647 是一个质数。

再来看一个经典的问题——八皇后问题。

如何能够在 8×8 的国际象棋棋盘上放置 8 个"皇后"，使得任何一个"皇后"都无法直接吃掉其他"皇后"？为了达到这个目的，任意两个"皇后"都不能处于同一条横行、纵行或斜线上。下面就是一种解决方案。没错，你可以自己拿出笔和纸画一画，看看还有没有其他方案。但是，如果我想知道所有的方案该怎么办？

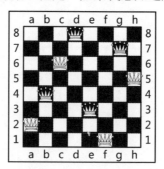

又轮到计算机出马了，一共有 92 种不同的解决方案，很棒吧！计算机只需要 1 秒，就可以算出所有的解。

再来看一个很流行的益智游戏——数独。

在一个 9×9 格的大九宫格中有 9 个 3×3 的小九宫格，默认在其中填写了一些数字，现在请在其他空格上填入数字 1～9。每个数字在每个小九宫格内只能出现一次，每个数字在每行每列也只能出现一次。请看下面这个例子。

	9				2			1
				6				2
						4		
6			8					
	2							
		1	7		4			
3	6							
	7					5		
9	5				7			8

我想，你一定很快就找到了一种可行解，可是你知道上面这个数独一共有多少种不同解吗？答案是 99 410 种！很难想象吧，计算机找到这些解仍然只需 1 秒！怎么样，计算机编程是不是很神奇，你甚至可以轻而易举地在一定范围内去验证"哥德巴赫猜想"。

在接下来的内容里，你将学会如何与计算机对话，如何让计算机进行数学计算和判断，如何让计算机永不停止地工作，以及如何让计算机做一些很有意思的程序和游戏。一场有趣的逻辑思维大战即将开始，不要走开，赶快进入第 2 节——让计算机开口说话！

第 2 节　让计算机开口说话

　　为什么会有计算机的出现呢？伟大的人类发明的每一样东西都是为了帮助我们改善生活。计算机同样是用来帮助我们的工具。想一想，假如你现在希望让计算机帮助你做一件事情，你首先需要做什么？是不是要先与计算机进行沟通？那么沟通就需要依赖于一门语言。人与人的沟通，可以用肢体语言、汉语、英语、法语和德语等。你若要与计算机沟通，就需要使用计算机能够听懂的语言。我们学习的"C 语言"便是计算机语言的一种，计算机语言除了 C 语言外，还有 C++、Java、C#等。C 语言是一门比较简单的计算机语言，更加适合初学者。所有的计算机语言都是相通的，如果你能够熟练掌握 C 语言，那么再学习其他语言就会变得易如反掌。

　　既然计算机是人类制造出来的帮助人类的工具，显然让它开口说话并把它所知道的东西告诉我们是非常重要的。

　　下面我们就来解决第一个问题：如何让计算机开口说话？

　　回想当年，我们刚刚来到这个世界的时候，说的第一句话是什么？应该不会是"你好！"、"吃了没？"……这样会把你爸爸妈妈吓坏的！

　　伴随着"wa wa wa"的一阵哭声，我们来到了这个精彩的世界，现在我们也让计算机来"哭一次"。这个地方特别说一下，计算机若要把"它"想说的告诉我们，有两种方法：一种是显示在显示器屏幕上；另一种是通过喇叭发出声音。就如同我们有话想说时，一种是写在纸上，另一种是用嘴巴说出来。目前让计算机用音箱输出声音还比较麻烦，因此采用另外一种方法，即用屏幕输出"wa wa wa"。

```
printf("wa wa wa");
```

　　这里有一个生疏单词叫作 printf，不要被它吓坏了，目前不用搞清楚它的本质意义是什么，只要记住它和中文里面的"说"，以及英文里面的"say"是一个意思即可，它就是控制计算机说话的一个单词而已。在 printf 后面紧跟的( )，是不是很像一个嘴巴，把要说的内容"放在"这个"嘴巴"里。这里还有一处需要注意，在"wa wa wa"的两边还有""，里面就是计算机需要"说"的内容，这一点是不是很像我们的汉语？最后，一句话结束时要有一个结束的符号。汉语中用句号表示一句话的结束；英语中用点号表示一句话的结束；计算机语言中用分号表示一个语句的结束。

注：计算机的每一句话，就是一个语句。

那么，现在如果让你写一个语句，让计算机说"ni hao"，该怎么办？

```
printf("ni hao");
```

现在我们让计算机来运行这个语句。这里需要说明一下，仅仅输入 printf("ni hao");，计算机是识别不了的，需要加一个框架。完整的程序如下：

```
#include <stdio.h>
#include <stdlib.h>
int main()
{
    printf("ni hao");
    return 0;
}
```

这里的

```
#include <stdio.h>
#include <stdlib.h>
int main()
{
    return 0;
}
```

是所有 C 语言都必须要有的框架，现在你暂时不需要理解它，知道要有这个即可，以后再来详细地讲它的用途。但是有一点，我们今后写的所有类似 printf 的语句都要写在{ }里才有效。

接下来需要让计算机运行我们刚才写的程序。

如果让计算机运行我们写的东西（其实我们写的就是一个 C 语言程序），需要一个特殊的软件，它叫作"C 语言编译器"[1]，"C 语言编译器"有很多种，这里介绍一

---

[1] "C 语言编译器"的作用是把我们写的程序"变"成一个"exe"，即可以让计算机直接运行的程序。这个"变"的专业术语称为"编译"。当你的程序"变"成一个"exe"后，你就可以脱离"C 语言编译器"直接运行你的程序。此时你就可以把你写的"exe"发给你的朋友和同学，让他们一起来使用你编写的程序。这里的程序从某种意义上来讲也可以称为"软件"。

种比较简单的软件，叫作"啊哈 C"[2]。

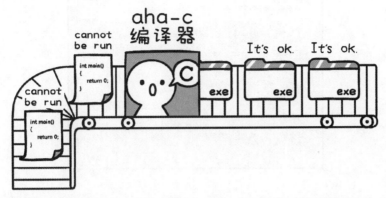

首先你需要到 www.ahacpp.com 页面中下载"啊哈 C"。下面就要进入安装步骤啦，安装很简单，一共分 7 步（见图 2-1～图 2-7），每一步我都截取了图片，你只需一口气将这 7 幅图片全部看完应该就可以。

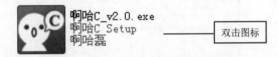

图 2-1　安装"啊哈 C"

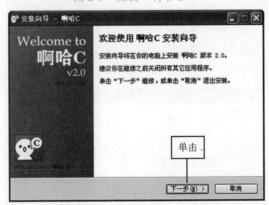

图 2-2　开始安装"啊哈 C"

---

[2]　"啊哈 C"是一款非常容易上手的 C 语言编程软件，使用的是 GCC 内核。界面简洁可爱，支持语法高亮、代码折叠、编译错误提示等。操作方便，上手快，特别适合 C 语言入门的初学者使用。

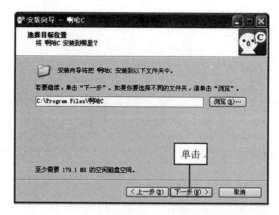

图 2-3　设置"啊哈 C"安装目录

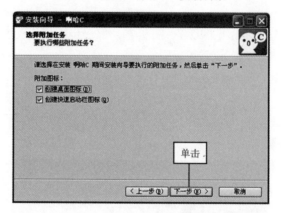

图 2-4　创建桌面图标和启动栏图标

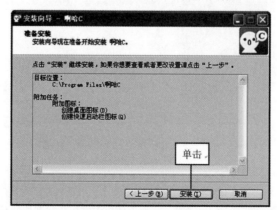

图 2-5　确认安装信息

图 2-6　安装正在进行

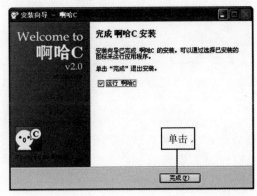

图 2-7　"啊哈 C"安装成功

　　"啊哈 C"安装完毕后，便可以看到如图 2-8 所示的"啊哈 C"的界面，同时在你的桌面上也会多一个"啊哈 C"图标。

图 2-8　"啊哈 C"的界面

"啊哈 C"是一个很人性化的软件，你将会发现"啊哈 C"已经帮你将 C 语言代码框架的部分写好了。只需要将

```
printf("ni hao");
```

这条语句在"啊哈 C"中输入就好，如图 2-9 所示。

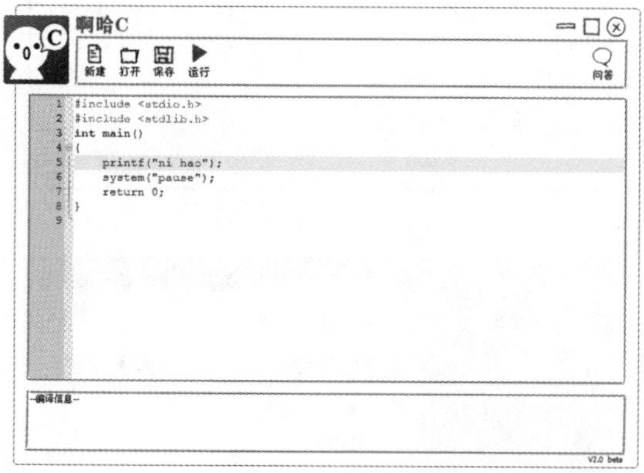

图 2-9　输入 printf("ni hao")

　　细心的同学可能会发现，"啊哈 C"默认的 C 语言框架，比之前说的 C 语言框架多了一句话：

```
system("pause");
```

　　这句话是什么意思呢？稍后我们再揭晓。先将这句话删除，删除后的界面如图 2-10 所示。

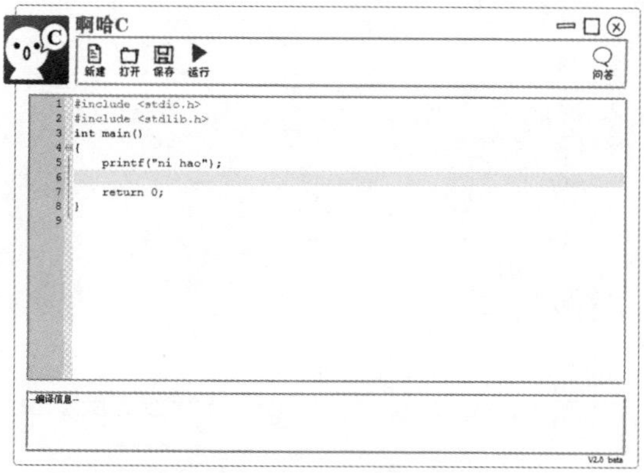

图 2-10　删除 system("pause")

好了，同学们请注意，到了最后一步，需要让代码运行起来。现在只需单击"啊哈 C"上的"运行"按钮 ▶。

接下来需要为所写的程序起一个名字，我为这个程序起的名字是"nihao"，当然你可以随便起名，中英文都可以。比如你可以称之为"abc"或"我的第一个程序"，或者叫"1"都行，但是你最好别写火星文或者特殊字符，也不能有英文的点号。将程序的名字输入在如图 2-11 所示的文本框中之后再单击"保存"按钮，接下来就是见证奇迹的时刻。

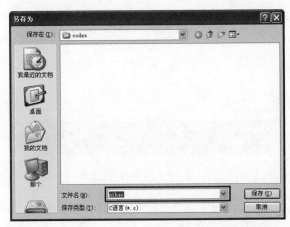

图 2-11　给程序起个名字

如果代码没有写错，那你的"啊哈 C"将会弹出一个对话框，提示"恭喜你编译成功"，如图 2-12 所示。请同学们注意，在输入代码的时候，一定不要用中文输入法，这里所有的符号都是英文的，一般也都是小写。

下面当然就单击"确定"按钮。接下来，请注意：注视你的计算机屏幕，一秒也不要走开，数秒之后，你将会发现计算机的屏幕上有一个"黑影"闪过，如果你没有发现这个"黑影"，请重新单击"运行"按钮，并再次注视你的计算机屏幕。

图 2-12　编译成功的提示

此时，你可能想问，为什么屏幕上会出现这个"黑影"？我们是要在屏幕上显示"ni hao"才对啊。其实刚才那个"黑影"就是"ni hao"，只不过计算机的运行速度太快了，在屏幕上显示之后，就立即消失了。那应该怎么办呢？这需要让计算机暂停一下。

```
system("pause");
```

上面这句话就是之前所删除的，其实它的作用就是让计算机"暂停一下"。将这句话放在 printf("ni hao");后面，完整的代码如下：

```
#include <stdio.h>
#include <stdlib.h>
int main()
{
    printf("ni hao");
    system("pause");
    return 0;
}
```

好了，再次单击"运行"按钮吧。如果代码没有错误，你将看到如图 2-13 所示的界面。

图 2-13　运行成功的结果

"请按任意键继续…"是 system("pause");输出的一个提示，此时只需按键盘上的任意一个键，这个小黑窗口就会关闭。

如果想让"ni hao"分两行显示，则只需要将 printf("ni hao"); 改为 printf("ni \n hao");这里的 "\n"表示让光标"换行"。注意，这里的 "\"向右下角斜，它在键盘上的位置，通常是在回车键的上方。好，赶快尝试一下吧。运行结果如图 2-14 所示。

```
#include <stdio.h>
#include <stdlib.h>
int main()
{
    printf("ni\nhao");
    system("pause");
    return 0;
}
```

图 2-14　分行后的运行结果

16

当然也可以让"请按任意键继续..."在下一行显示，只需将 printf("ni\nhao"); 改为 printf("ni \n hao\n"); 即可，去试一试吧。

∽ 一起来找茬

下面这段代码是让计算机在屏幕上输出 hi。其中有 3 个错误，快来改正吧！

```c
#include <stdio.h>
#include <stdlib.h>
int main( )
{
    print(hi)
    system("pause");
    return 0;
}
```

✈ 更进一步，动手试一试

1. 尝试让计算机显示下面这些图形。

```
*
**
***
```

```
    *
  *   *
 *     *
  *   *
    *
```

```
        *
      *
     *
 *   *
  *  *
    *
```

2. 如何让计算机说中文呢？让计算机像下面一样说"早上好"，应该怎么办？

3. 尝试让计算机显示下面这个图形。

```
A
BC
```

```
DEF
GHIJ
KLMNO
PQRSTU
V
W
X
Y
Z
```

✈ **这一节，你学到了什么**

如何让计算机开口说话，以及让计算机开口说话的语句是什么？

第 3 节 多彩一点

怎样才能多彩一点呢？

在本章第 2 节中，我们学习了让计算机开口说话应使用 printf 语句。可以发现，计算机"说"出的话都是黑底白字，其实计算机的输出可以是彩色的，我们一起来看看吧。

注意，此处代码只能在 Windows 操作系统下编译运行。如果你使用的是本书推荐的 C 语言的软件"啊哈 C"，那么你的代码肯定可以运行成功。下面来看看如何让颜色出现。

请尝试输入以下代码并运行，看看会发生什么。

```c
#include <stdio.h>
#include <stdlib.h>
int main()
{
```

```
    system("color 5");
    printf("wa wa wa");
    system("pause");
    return 0 ;
}
```

运行之后你发现了什么？底色仍然是黑色。但是，文字的颜色已经变为"紫色"了，奥秘就在下面这行代码中。

```
system("color 5");
```

在这句话中，"5"代表"紫色"，你可以尝试一下其他数字，看看分别是什么颜色。

既然字的颜色可以变，那么背景色是否可以变呢？尝试下面这段代码：

```
#include <stdio.h>
#include <stdlib.h>
int main()
{
    system("color f5");
    printf("wa wa wa");
    system("pause");
    return 0;
}
```

运行成功后的界面如图 2-15 所示。

图 2-15　运行成功后的界面（此时背景应该为白色，文字颜色应该为紫色）

上面这段代码在原来的 5 前面加了一个 f，这里的 f 代表背景色是白色。

那么设置背景色和文字颜色的方法是，在 color 后面加上两个一位数字，第一个数字表示背景色，第二个数字表示文字颜色。如果在 color 后面只加了一个一位数字，则表示只设置文字颜色，背景色仍然使用默认的颜色。

需要说明的是这里的一位数字其实是 16 进制的，它只能是 0、1、2、3、4、5、6、7、8、9、a、b、c、d、e、f 中的某一个。

[题外话] "不看，也无伤大雅"

这里学习一个新知识——进制。

在现代数学中，我们通常使用十进制，即使用数字 0、1、2、3、4、5、6、7、8、9。9 之后的数字便无法表示了，我们的解决方法是：使用"进位"来表示。例如，由于阿拉伯数字只到 9，于是我们便进一位，当前这位用 0 表示，便产生了用 10 来表示"十"。因为是"逢十进一"，所以称为十进制。

而十六进制是"逢十六进一"，即使用 0、1、2、3、4、5、6、7、8、9、A、B、C、D、E、F 来表示。0～9 与在十进制时相同，但是"十"在十六进制时用大写字母 A 表示，以此类推，"十五"在十六进制中用大写字母 F 来表示。F 是"十六进制"中的最后一个，因此数字"十六"就表示不了。于是我们又采用刚才在十进制中表示不了就进一位的老办法，当前应该用 0 表示。"十六"在十六进制中表示为 10。同理，"二十七"在十六进制中表示为 1B。

在中国古代，很多朝代都是用十六进制作为日常计数的，例如，成语"半斤八两"的典故来源于十六进制；还有中国古代的算法是上面 2 颗珠子，下面 5 颗珠子。若上面每颗珠子代表数字 5，下面每颗珠子代表数字 1，那么每位的最大计数值是 15，15 正是十六进制的最大基数。当使用算盘计数遇到大于 15 的时候，我们就需要在算盘上"进位"了。

其实在我们现代的日常生活中，也不都是"十进制"，例如，60 秒为 1 分钟，60 分钟为 1 小时，就是用的六十进制。

一起来找茬

下面这段代码是让计算机在屏幕上输出绿底白字的 hi。其中有 4 个错误，快来改正吧！

```c
#include <stdio.h>
#include <stdlib.h>
int main( )
{
    system(color f2)
    print("hi");
    system("pause");
    return 0;
}
```

更进一步，动手试一试

1. 尝试让计算机打印这个小飞机图案（绿底白字）。

```
       *
       **
*      ***
**     ****
**************
```

```
**      ****
*       ***
        **
        *
```

2. 尝试让计算机打印这个小队旗图案（白底红字）。

```
A
I*
I**
I***
I****
I*****
I
I
I
I
```

✈ **这一节，你学到了什么**

让计算机打印出来的字符有不同颜色的语句是什么？

第 4 节　让计算机做加法

通过之前的学习，我们了解到让计算机说话是用"printf"，运用"printf"就可以让计算机想说什么就说什么了。在学会了"说话"之后，我们来看如何让计算机做数学运算，首先我们先让计算机做"加法"，就先算 1+2 吧。

回想一下小时候爸爸妈妈是如何教我们算 1+2 的呢？

妈妈说："左手给你一个苹果，右手给你两个苹果，现在一共有几个苹果？"我们迅速地思考了一下，脱口而出："3 个苹果"。没错！我们首先用大脑记住左手有几个苹果，再用大脑记住右手有几个苹果，妈妈问一共有几个时，我们的大脑进行了非常快速的计算，将刚才记住的两个数进行相加，得到结果，最后将计算出的结果说出来。仔细分析一下，大致分为以下 5 个步骤。

（1）用大脑记住左手的苹果数量；

（2）用大脑记住右手的苹果数量；

（3）我们的大脑将两个数字进行相加；

（4）得到结果；

（5）将结果输出。

在这期间，我们大脑一共进行了以下 4 个动作。

（1）两次输入：分别是记录左手和右手中苹果的数量；

（2）存储了 3 个值：分别是记录左手和右手中苹果的数量和相加的结果；

（3）进行了一次计算：相加；

（4）进行了一次输出：把相加的结果输出。

如何让计算机做加法呢？同样也需要以上几个步骤。

首先来解决如何让计算机像我们的大脑一样记住一个数字。

其实计算机的大脑就像一个"摩天大厦"，有很多一间一间的"小房子"，计算机就把需要记住的数放在"小房子"里面，一个"小房子"里只能放一个数，这样计算机就可以记住很多数。好，我们来看一看，具体怎样操作。

"="赋值符号的作用就相当于一只手，把数字放到小房子中。

```
int a,b,c;
```

这句话就代表在计算机的"摩天大厦"中申请三间分别叫作 a、b 和 c 的小房子（注意：int 和 a 之间有一个空格，a、b 与 c 之间分别用逗号隔开，末尾有一个分号表示结束）。

接下来，我们让小房子 a 和小房子 b 分别去记录两个数字 1 和 2，具体如下：

```
a=1;
b=2;
```

说明：此处有一个"="，这可不是等于号，它叫作给予号（也称为赋值号），类似于一个箭头"←"，意思是把"="右边的内容赋给"="左边。例如，把 1 这个数给小房子 a，这样一来计算机就知道小房子 a 里面存储的是数字 1 了。

然后，把小房子 a 和小房子 b 里面的数相加，再将其结果放到小房子 c 中。

```
c=a+b;
```

计算机会将这个式子分两步执行：第一步先将 a+b 算出来，第二步再将 a+b 的值赋给 "=" 右边的 c。

至此，就差不多完成了，我们总结一下：

```
int a,b,c;
a=1;
b=2;
c=a+b;
```

很多同学是不是以为，现在已经全部完成了？你忘记了最重要的一步，先别急着往下看，想一想忘记了什么？

啊！你忘记了把答案输出。

想一想如果妈妈问你一加二等于多少时，你说："我算出来了，但是不想告诉你！" 的话，估计少不了挨一顿揍了，不要啊！

让我们回忆一下，如何让计算机把结果输出。

对，使用 printf 语句。那怎么把小房子 c 里面存储的数输出呢？根据本章第 2 节学到的知识，只要把要输出的内容放在双引号里面就可以了，代码如下：

```
printf("c");
```

猜一猜此时计算机会输出什么？

对，无情地输出了一个 c。

那怎样输出 c 里面的值呢？

这时我们要让另外一个角色出场了。

23

```
%d
```

"%d"其实是一个"讨债的"，或者也可以说是"要饭的"。它的专职工作就是向别人"要钱"！那我们应该怎么使用它呢？

```
printf("%d",c);
```

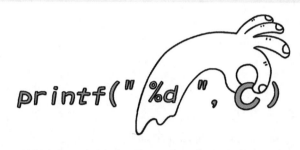

将"%d"放在双引号之间，把小房子 c 放在双引号后面，并且用逗号隔开。

这时 printf 发现双引号里面是个"讨债的"，就知道此时需要输出一个具体的数值，而不是符号，就会向双引号后面的小房子 c 索取具体的数值了。

好了，最后加上 C 语言的代码框架，计算机进行加法运算的完整代码如下：

```c
#include <stdio.h>
#include <stdlib.h>
int main()
{
    int a,b,c;
    a=1;
    b=2;
    c=a+b;
    printf("%d",c);
    system("pause");
    return 0;
}
```

现在赶紧去试一试吧。

ᨏ 一起来找茬

下面这段代码是让计算机计算 321-123 的结果。其中有 7 个错误，快来改正吧！

```c
#include <stdio.h>
#include <stdlib.h>
int mian( )
{
    int a,b,c;
```

```
        a=321
        b=123
        c=b-a
        print("%d",c)
        system("pause");
        return 0;
    }
```

➤ **更进一步，动手试一试**

1．如果要进行 3 个数相加的运算，该怎样做呢？例如：5+3+1=？

我们可以把上面的程序进行简单地改变，申请 4 个小房子分别叫作 a、b、c 和 d。用 a、b、c 分别存放 3 个加数，用 d 存放它们的和。代码如下：

```
#include <stdio.h>
#include <stdlib.h>
int main()
{
        int a,b,c,d;
        a=5;
        b=3;
        c=1;
        d=a+b+c;
        printf("%d",d);

        system("pause");
        return 0;
}
```

如果要 10 个数相加岂不是得定义 11 个小房子？那也太麻烦了！对，目前我们只能这样，但是在后面的学习中，会有更为简单的方法。

2．用计算机算出下面 3 个算式。

```
123456789+43214321
7078*8712
321*(123456+54321)
```

➤ **这一节，你学到了什么**

1．如何申请一个小房子来存储数值？

2．如何用 printf 输出小房子中的数值？

第5节　数字的家——变量

从本章第 4 节中，我们了解到计算机使用一个个的小房子来记住数字。计算机有很多不同种类的小房子。

```
int a;
```

代表向计算机申请一个小房子，用来存放数值，小房子的名字叫作 a。int 和 a 之间有一个空格，a 的末尾有一个分号，表示这句话结束。

如果要申请多个小房子，则要在 a 后面继续加上 b 和 c，用逗号分开。例如：

```
int a,b,c;
```

这里有一个小问题，就是给申请的"小房子"起名字。原则上可以随便起：可以是单独的字母，如 a、b 或 x；可以是多个字母的组合，如 aaa、abc 或 book；也可以是字母和数字的组合，如 a1 或 abc123。当然也有一些限制，如果你想知道，请看附录 A。

到这里，可能还有很多同学想问，int 究竟是什么意思呢？

其实，int 控制小房子用来存放的数的类型，表示你目前申请的小房子只能存放整数。

int 是英文单词 integer（整数）的缩写。

如果要放小数该怎么办？

我们用 float 来申请一个小房子，用来存放小数，形式如下：

```
float a;
```

这样，小房子 a 就可以用来存放小数了，例如：

```
float a;
a=1.5;
printf("%f",a);
```

就表示申请一个用来存放小数的小房子 a，里面存放了小数 1.5。

注意：在 C 语言中，小数称作浮点数，用 float 表示。

之前在用 printf 语句输出整数时，使用的是"%d"。此时需要输出小数，要用"%f"。

好了，我们来总结一下，这里的"小房子"在我们 C 语言的专业术语中称为变量。int 和 float 说明小房子是用来存放何种类型的数，我们这里将其称为"变量类型"或者"数据类型"。

类似 int a;或者 float a;的形式，我们称作"定义变量"，它们的语法格式如下：

```
【口语】  小房子的类型   小房子的名称  ，小房子的名称  ；
【术语】  变量的类型    变量的名称   ， 变量的名称   ；
【代码】      int      a    ，    b     ；
```

现在我们知道，int a;表示申请一个用来存放一个整数的小房子 a，即定义一个整型变量 a 来存放整数；而 float a;则表示申请一个用来存放一个小数的小房子 a，即定义一个浮点型（实型）变量 a 来存放浮点数（小数）。

再来看另外一个有趣的问题，代码如下：

```
#include <stdio.h>
#include <stdlib.h>
int main()
{
    int a;
    a=1;
    a=2;
    printf("%d",a);

    system("pause");
    return 0;
}
```

请问计算机执行完上面的代码后，将会输出 1 还是 2？

27

尝试过后你会发现，计算机显示的是 2，也就是说小房子 a 中的值最终为 2。通过观察代码可以发现，我们首先将 1 放入小房子 a 中，紧接着又将 2 放入小房子 a 中，那么请问原来小房子中的 1 去哪里了呢？答案是，被新来的 2 给覆盖了并且已经消失了。也就是说，小房子 a 中有且仅能存放一个值，如果多次给小房子 a 赋值，小房子 a 中存放的将始终是最后一次赋的值。例如：

```
#include <stdio.h>
#include <stdlib.h>
int main()
{
    int a;
    a=1;
    a=2;
    a=3;
    a=4;
    a=5;
    a=6;
    printf("%d",a);

    system("pause");
    return 0;
}
```

计算机运行完上面这段代码后最终将输出 6。也就是说小房子 a 中的值最终为 6，前 5 次的赋值全部被覆盖了。

28

一个更有意思的问题来了，请继续看下面的代码：

```
#include <stdio.h>
#include <stdlib.h>
int main()
{
    int a;
    a=7;
    a=a+1;
    printf("%d",a);

    system("pause");
    return 0;
}
```

　　计算机运行完上面这段代码后最终将输出 8。也就是说小房子 a 中的值最终为 8。计算机在执行完 a=7 这句话后，小房子 a 中存储的值为 7，之后计算机又紧接着运行了 a=a+1。运行完 a=a+1 后，小房子 a 中的值就变为 8 了。也就是说 a=a+1 的作用是把小房子 a 中的值在原来的基础上增加 1，我们来分析一下这句话。

　　对于 a=a+1 计算机分两步执行，这句话中有两个操作符，第一个是"+"，另一个是"="（赋值号），因为"+"的优先级要比"="高，因此计算机先执行 a+1，此时小房子 a 中的值仍然为 7，所以 a+1 的值为 8。紧接着计算机就会执行赋值语句，将计算出来的值 8 再赋值给 a，此时 a 的值就更新为 8。

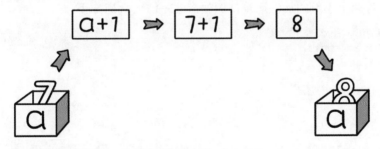

好啦，猜猜下面的程序，计算机最终会输出多少？

```
#include <stdio.h>
#include <stdlib.h>
int main()
{
    int a;
    a=10;
    a=a*a;
```

```
        printf("%d",a);

        system("pause");
        return 0;
}
```

尝试过了吗？想一想为什么 a 最终的值为 100。

注：所有运算符的优先级详见附录 B。

一起来找茬

下面这段代码是让计算机计算 1.2×1.5 的值。其中有 5 个错误，快来改正吧！

```
#include <stdio.h>
#include <stdlib.h>
int main( )
{
    int a,b,c
    a=1.2;
    b=1.5;
    c=a*b;
    print("%d",c)
    system("pause");
    return 0;
}
```

更进一步，动手试一试

1. 进行两个小数的加法运算，例如：5.2+3.1=?代码如下：

```
#include <stdio.h>
#include <stdlib.h>
int main()
{
    float a,b,c;
    a=5.2;
    b=3.1;
    c=a+b;
    printf("%f",c);

    system("pause");
    return 0;
}
```

请注意，之前在 printf 语句中输出整型变量的值时，使用的是 "%d"，此时需要输出的是实型变量的值，因此要用 "%f"。

2．通过计算机把下面 3 个式子算出来吧！

```
1.2+2.3+3.4+4.5
1.1*100
10.1*(10*10)
```

➤ **这一节，你学到了什么**

1．如何定义一个用来存放小数的变量？

2．如何让一个小房子 a（变量 a）中的值增加 1？

第 6 节　数据输出——我说咋地就咋地

在本章第 4 节中，我们已经学会了如何让计算机做加法运算，但是计算机在输出的时候，只显示了一个结果，这样不够人性化。如果能将整个算术等式输出就好了，例如：1+2=3。那应该怎么写呢？

新的代码：

```
#include <stdio.h>
#include <stdlib.h>
int main()
{
    int a,b,c;
    a=1;
    b=2;
    c=a+b;
    printf("%d+%d=%d",a,b,c);

    system("pause");
    return 0;
}
```

原来的代码：

```
#include <stdio.h>
#include <stdlib.h>
int main()
{
    int a,b,c;
    a=1;
    b=2;
    c=a+b;
    printf("%d",c);
```

```
    system("pause");
    return 0;
}
```

仔细阅读这些代码你会发现，新的代码和原来的代码只有一个 printf 语句不一样。好，我们现在来仔细分析一下 printf("%d+%d=%d",a,b,c);。

printf 语句只会输出双引号里面的部分，双引号之外的部分只是对双引号内的部分起到补充说明的作用。

例如，printf("%d+%d=%d",a,b,c);这行语句，双引号里面的部分是%d+%d=%d，那么计算机在输出的时候就严格按照%d+%d=%d 来执行，输出的形式必然是%d+%d=%d。

当计算机遇到第 1 个"%d"时，知道"讨债的"来了，于是它便向双引号后面的变量讨债，排在第 1 个的是 a，那么就向 a 讨债。a 的值是 1，于是第 1 个"%d"得到的便是 1。

第 2 个是"+"，那么照样输出。

第 3 个又是"%d"，同样到双引号的后面去讨债，因为排在第 1 个的 a 已经被讨过债了，因此向排在第 2 个的 b 讨债。b 的值是 2，于是这个"%d"得到的便是 2。

第 4 个是"="，照样输出。

第 5 个还是"%d"，同样到双引号的后面去讨债，因为排在第 1 个的 a 和排在第 2 个的 b 已经被讨过债了，因此向排在第 3 个的 c 讨债。c 的值是 3，于是最后这个"%d"得到的便是 3。

最后输出的内容是 1+2=3。

请注意，通常双引号内部"%d"的个数，和后面变量的个数是相等的，它们是一一对应的。如果没有一一对应，从 C 语言的语法角度来讲是没有错误的，但这不合常理，最好避免这样的情况出现。

🐌 一起来找茬

下面这段代码是让计算机分别计算 10−5 与 10+5 的值，并分两行显示，第一行显示差，第二行显示和。其中有 3 个错误，快来改正吧！

```
#inlcude <stdio.h>
#include <stdlib.h>
int mian( )
{
    int a,b,c;
    a=10;
    b=5;
```

```
    c=a-b;
    printf("%d/n",c);
    c=a+b;
    printf("%d",c);
    system("pause");
    return 0;
}
```

→ **更进一步，动手试一试**

　　指定两个数，输出这两个数的和、差、积与商。例如，指定两个数 9 和 3，输出 9+3=12、9-3=6、9×3=27、9/3=3。

```
#include <stdio.h>
#include <stdlib.h>
int main()
{
    int a,b,c;
    a=9;
    b=3;
    c=a+b;
    printf("%d+%d=%d\n",a,b,c);
    c=a-b;
    printf("%d-%d=%d\n",a,b,c);
    c=a*b;
    printf("%d*%d=%d\n",a,b,c);
    c=a/b;
    printf("%d/%d=%d\n",a,b,c);
    system("pause");
    return 0;
}
```

第 7 节　数据输入——我说算啥就算啥

　　我们已经学会了如何做一个加法计算器，但是目前的加法计算器还不够人性化，每次计算两个数的和时，都需要修改 C 语言代码，然后重新编译运行才能得到结果，很显然这样的加法计算器是不会有人喜欢用的，那如何让使用者自己任意输入两个数就可以直接得到结果呢？

　　我们知道，让计算机说话用 printf，那么让计算机学会听用什么呢？scanf 将会把听到的内容告诉你的程序。

　　计算机"说话"的过程，我们称为"输出"，计算机"听"的过程，我们则称为"读入"。好，下面来看看，计算机是如何读入的。

scanf 的语法与 printf 语法类似，例如，我们要从键盘读入一个数，放在小房子 a 中，代码如下：

```
scanf("%d", &a);
```

你瞧，与输出小房子 a 的语句 printf("%d",a); 是差不多的，只有以下两处不同。

第一处是：读入是使用 scanf 这个词，而输出是使用 printf 这个词。

第二处是：读入比输出在 a 前面多了一个 "&" 符号。

"&" 符号我们称为 "取地址符"，简称 "取址符"。它的作用是得到小房子 a 的地址。

scanf("%d",&a); 这句话可以理解为：我们要从外界向计算机的内部传送一个数值，并需要将这个值存放到指定的 "编号为 a" 的盒子中。这样我们就需要知道小盒子 a 在计算机内部的地址。就像邮递员送信一样，要传送的数据就是信件，小盒子 a 就是信箱编号。

那你可能要问，为什么在读入的时候要得到小房子 a 的地址，而输出的时候却不需要呢？在读入数据的时候，计算机需要把读入的值存放在小房子 a（也就是变量 a）中，此时需要知道你指定的这个小房子 a 的地址，才能把值准确地放进其中；但是在输出的时候，值已经在小房子 a 中了，因此可以直接输出到屏幕上。

打一个比方：假如你要去一个教室上课，那么在上课之前你需要知道这个教室的地址，这样你才能去；但是如果下课了，你需要走出这个教室，因为此时你已经在教室中，所以就不再需要这个教室的地址。

如果要从键盘读入两个数，分别给小房子 a 和小房子 b 呢？这里有以下两种写法。

第一种：

```
scanf("%d",&a);
scanf("%d",&b);
```

第二种：

```
scanf("%d%d",&a,&b);
```

第二种的写法较为简便，两个"%d"之间不需要空格，"&a"和"&b"之间用逗号隔开。

从键盘读入两个数，输出这两个数的和的完整代码如下：

```
#include <stdio.h>
#include <stdlib.h>
int main()
{
    int a,b,c;
    scanf("%d%d",&a,&b);
    c=a+b;
    printf("%d+%d=%d",a,b,c);

    system("pause");
    return 0;
}
```

好了，总结一下，在 C 语言中 printf 是计算机"说出去的"，也就是计算机需要告诉你的；而 scanf 是计算机"听进来的"，也就是你需要告诉计算机的。

接下来，我们要让"加法计算器"更加人性化——带有提示的读入和输出。

```
#include <stdio.h>
#include <stdlib.h>
int main()
{
    int a,b,c;
    printf("这是一个加法计算器，欢迎您使用\n");
    printf("--------------------------------\n");
    printf("请输入第一个数（输入完毕后请按回车）\n");
    scanf("%d",&a);
    printf("请输入第二个数（输入完毕后请按回车）\n");
    scanf("%d",&b);
    c=a+b;
    printf("它们的和是%d",c);

    system("pause");
```

```
    return 0;
}
```

🙖 一起来找茬

下面这段代码是从键盘读入两个整数，并输出它们的和。其中有 6 个错误，快来改正吧！

```c
#include <stdio.h>
#include <stdlib.h>
int main( )
{
    int a,b,c;
    scanf("%d",a,b)
    c=a+b
    printf("%d/n",c);
    system("pause");
    return 0;
}
```

✈ 更进一步，动手试一试

从键盘读入两个数，并输出这个两个数的和、差、积与商。

```c
#include <stdio.h>
#include <stdlib.h>
int main()
{
    int a,b,c;
    scanf("%d%d",&a,&b);
    c=a+b;
    printf("%d+%d=%d\n",a,b,c);
    c=a-b;
    printf("%d-%d=%d\n",a,b,c);
    c=a*b;
    printf("%d*%d=%d\n",a,b,c);
    c=a/b;
    printf("%d/%d=%d\n",a,b,c);
    system("pause");
    return 0;
}
```

请注意除法运算。在 C 语言中，当除号"/"左右两边都是整数时，商也只有整数部分。例如，5/3 的商是 1，2/3 的商是 0。

✈ 这一节，你学到了什么

如何从键盘读入一个数到小房子中？

第 8 节　究竟有多少种小房子

在之前的几节中，我们已经知道计算机如果想"记住"某个值，就必须在它的大脑"摩天大厦"中，申请一种小房子。例如：

```
int a, b, c ;
```

即申请 3 种小房子分别叫作 a、b 和 c。这 3 种小房子只能用来存放整数（整型数据）。

再例如：

```
float a, b, c ;
```

即申请 3 种小房子 a、b 和 c。这三种小房子只能用来存放小数（浮点型数据）。

也就是说在计算机中，不同类型的数据需要相应类型的小房子来存储。

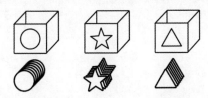

那么计算机一共有多少种类型的小房子呢？我们来列举几种最常用的，如表 2-1 所示。

表 2-1　C 语言常用的数据类型

数据类型名称	用来存放哪种数据	数 据 范 围
int	用来存放整数	$-2147483648 \sim 2147483647$
float	用来存放浮点数	$\pm 1.18 \times 10^{-38} \sim \pm 3.4 \times 10^{38}$
double	用来存放极大和极小的浮点数	$\pm 2.23 \times 10^{-308} \sim \pm 1.80 \times 10^{308}$
char	用来存放字符	256 种字符

double 也是用来存放小数的，那 float 和 double 有什么区别呢？

请观察下面两段代码。

代码 1：

```c
#include <stdio.h>
#include <stdlib.h>
int main()
{
    float a;
    a=3.1415926535897932;
    printf("%.15f",a);

    system("pause");
    return 0;
}
```

代码 2：

```c
#include <stdio.h>
#include <stdlib.h>
int main()
{
    double a;
    a=3.1415926535897932;
    printf("%.15f",a);

    system("pause");
    return 0;
}
```

通过观察，我们发现代码 1 和代码 2 的不同之处只有一点。代码 1 中是用 float 来申请小房子 a，代码 2 中却是用 double 来申请小房子 a。在输出时，两段代码中 printf 里面所用的占位符都是 "%f"。代码中 "%" 和 "f" 之间的 ".15" 表示保留小数点后 15 位（四舍五入）。这里特别说明一下，在用 scanf 读入 double 类型数据时所用的占位符是 "%lf"（注意此处不是数字 1 而是字母 l）而不是 "%f"。

它们的运行结果分别如图 2-16 和图 2-17 所示。

图 2-16　代码 1 运行的结果

图 2-17　代码 2 运行的结果

怎么样，发现问题了吧？！代码 1 运行后输出的是 3.141592741012573，显然从小数点后第 7 位开始就不对了，而代码 2 运行后输出的是 3.141592653589793，完全正确。因此我们可以发现 double 可以比 float 表示得更精确。另外 float 和 double 表示的数的大小范围也不同，请大家自己去尝试。

在表 2-1 中我们发现有一个新的数据类型 char，用 char 申请的小房子是用来存放字符的。

```
#include <stdio.h>
#include <stdlib.h>
int main()
{
    char a;
    scanf("%c",&a);
    printf("你刚才输入的字符是%c",a);

    system("pause");
    return 0;
}
```

我们输入一个字符 x 后按回车键，结果如图 2-18 所示，当然你也可以尝试一下别的字符。

图 2-18　输入一个字符并输出

想一想，对于上面这段代码，如果此时你输入的不是一个字母，而是一串字母，计算机会输出什么呢？很抱歉！计算机只会输出你输入的第一个字母。

有的同学可能要问，如果想存储一大串字符该怎么办呢？不要着急，我们将在后续章节中介绍如何存储一个字符串。

〜 一起来找茬

下面这段代码是让计算机读入一个字符并把这个字符原样输出。其中有 3 个错误，快来改正吧！

```
#include <stdio.h>
#include <stdlib.h>
int main( )
{
    char a;
    scanf("%c",c);
    printf("%d",c);
    system("pause");
    return 0;
}
```

✈ 更进一步，动手试一试

从键盘读入一个字符，输出这个字符后面的一个字符。例如，输入字符 a，输出字符 b。

```
#include <stdio.h>
#include <stdlib.h>
int main()
{
    char a;
    scanf("%c",&a);
    printf("后面的一个字符是%c",a+1);

    system("pause");
    return 0;
}
```

思考一下，为什么一个字符后面的字符就是该字符加 1 呢？

✈ 这一节，你学到了什么

1．double 是什么类型？
2．如何存储一个字符？

第 9 节　拨开云雾见月明

通过前面的学习，我们已经知道计算机如果想"记住"某个值，就必须在计算机的大脑"摩天大厦"中，申请一个小房子。例如，之前我们需要计算任意两个数的和，程序是这样写的：

```c
#include <stdio.h>
#include <stdlib.h>
int main()
{
    int a,b,c;
    scanf("%d%d",&a,&b) ;
    c=a+b;
    printf("%d+%d=%d",a,b,c);

    system("pause");
    return 0;
}
```

其实这个小房子 c 是多余的，可以直接写成：

```c
printf("%d+%d=%d",a,b,a+b);
```

代码如下：

```c
#include <stdio.h>
#include <stdlib.h>
int main()
{
    int a,b;
    scanf("%d%d",&a,&b);
    printf("%d+%d=%d",a,b,a+b);

    system("pause");
    return 0;
}
```

当然，如果你只想计算 4+5 的值，可以更简单：

```c
#include <stdio.h>
#include <stdlib.h>
int main()
{
    printf("%d",4+5);
    system("pause");
    return 0;
}
```

如果希望计算 4+(6-3)×7 的值，可以直接这样写：

```c
#include <stdio.h>
#include <stdlib.h>
int main()
```

```
{
    printf("%d",4+(6-3)*7);
    system("pause");
    return 0;
}
```

第 10 节　逻辑挑战 1：交换小房子中的数

假如在计算机中我们已经有两个小房子（变量）分别叫作 a 和 b，并且它们都已经有了一个初始值，但是现在希望将变量 a 和变量 b 中的值交换，该怎么办呢？

先来看一段代码：

```
#include <stdio.h>
#include <stdlib.h>
int main()
{
    int a,b;
    scanf("%d%d",&a,&b);
    printf("%d %d",a,b);

    system("pause");
    return 0;
}
```

上面这段代码是从键盘读入两个数，然后将这两个数输出。例如，如果你输入的是 5 和 6，那么输出的也是 5 和 6。可是，我们现在的需求是将变量 a 和 b 中的数交换后输出，也就是说如果读入的是 5 和 6，那么输出的应该是 6 和 5 才对。应该怎么办呢？来看一段代码：

```
#include <stdio.h>
#include <stdlib.h>
int main()
{
    int a,b;
    scanf("%d%d",&a,&b);
    a=b;
    b=a;
    printf("%d %d",a,b);

    system("pause");
    return 0;
}
```

上面的代码企图通过 a=b;b=a;语句将变量 a 和变量 b 中的值交换,如果你已经运行过上面的代码,就会发现交换并没有成功,变量 b 的值没有变化,反而是变量 a 的值变成了变量 b 的值,这是为什么呢?

我们来模拟一下计算机运行的过程。

int a,b;指计算机会申请两个小房子(变量),分别叫作 a 和 b。

scanf("%d%d",&a,&b);指从键盘读入两个数,分别赋值给变量 a 和变量 b。假如我们从键盘读入的两个数分别是 5 和 6,那么变量 a 中的值就是 5,变量 b 中的值就是 6。

a=b;指计算机会将变量 b 中的值给变量 a,变量 a 中的值也变成了 6。变量 a 中原来的 5 被新来的 6 给覆盖了,也就是说原来变量 a 中的 5 丢失了。

b=a;指计算机会将此时变量 a 中的值给变量 b,此时变量 a 中的已经是 6 了,所以变量 b 的值其实还是 6。

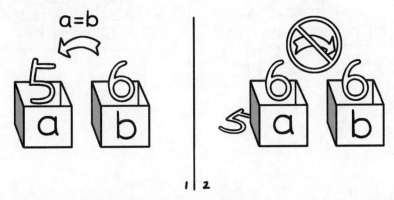

最终,变量 a 和变量 b 中的值都为 6。那我们要怎么改呢?通过上面我们对计算执行过程的模拟,我们发现,主要问题是:计算机在执行完 a=b;这个语句后,原先变量 a 中的值被弄丢失了。那我们只要在执行 a=b;这个语句之前,先将变量 a 的值保存在另外一个临时变量中就可以了,例如,保存在变量 t 中。代码如下:

```
t=a;
a=b;
b=t;
```

先将变量 a 中的值给变量 t,变量 t 中的值就变为 5(假如原来变量 a 中是 5,变量 b 中是 6),然后再将变量 b 中的值给变量 a,变量 a 中的值就变为 6,最后将变量 t 中的值给变量 b,此时变量 b 中的值就变为 5。成功!通过一个变量 t 作为中转站,我们已经成功地将变量 a 和变量 b 中的值进行了交换。

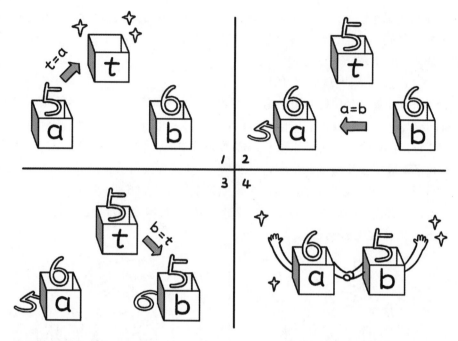

完整的代码如下：

```c
#include <stdio.h>
#include <stdlib.h>
int main()
{
    int a,b,t;
    scanf("%d%d",&a,&b);
    t=a;
    a=b;
    b=t;
    printf("%d %d",a,b);

    system("pause");
    return 0;
}
```

一起来找茬

下面这段代码是让计算机读入两个整数，分别放到变量 a 和变量 b 中，并将变量 a 和变量 b 中的数交换。其中有两个错误，快来改正吧！

```c
#include <stdio.h>
#include <stdlib.h>
```

```
int main( )
{
    int a,b;
    scanf("%d%d",&a,&b);
    t=a;
    b=a;
    b=t;
    printf("%d %d",a,b);
    system("pause");
    return 0;
}
```

➔ **更进一步，动手试一试**

在本节我们介绍了如何将两个变量的值进行交换，方法是增加一个临时变量来作为中转。你有没有想过，在不增加任何新变量的情况下是否也可以完成呢？来看看下面的代码吧。

```
#include <stdio.h>
#include <stdlib.h>
int main()
{
    int a,b;
    scanf("%d%d",&a,&b);
    a=b-a;
    b=b-a;
    a=b+a;
    printf("%d %d",a,b);

    system("pause");
    return 0;
}
```

请思考一下，为什么通过 a=b–a;b=b–a;a=b+a;也可以将变量 a 与变量 b 中的值交换呢？

第 11 节　天啊！这怎么能看懂

先来看一段代码：

```
#include<stdio.h>  #include<stdlib.h>   int   main(){   int   a,b,c;
scanf("%d%d", &a, &b); c=a+b; printf("%d",c); system("pause"); return 0; }
```

怎么样，你看懂了吗？这段代码的意思其实就是从键盘读入两个整数并且输出它们的和。不错，上面的这段代码从语法角度来讲没有任何错误，编译器也可以对其编译运行，也就是说计算机可以准确无误地"认识"这段代码，但是我们会看得比较吃力。一段优秀的代码，不仅仅要让计算机"看懂"，也要让我们可以看懂。再来看看下面这段代码是不是更容易让人们理解呢。

```c
#include <stdio.h>
#include <stdlib.h>
int main()
{
    int a,b,c;
    scanf("%d%d", &a, &b);
    c=a+b;
    printf("%d",c);

    system("pause");
    return 0;
}
```

这里需要指出的是，这里的 int a,b,c;前面与上一行相比，多了 4 个空格。其实我在输入代码的时候，并不是输入 4 个空格，而是输入了一个 Tab[3]。使用 Tab 来调整你的代码格式，是一名优秀的程序员必须要养成的习惯。

```c
#include <stdio.h>
#include <stdlib.h>
int main()
{
    int a;
    a=1; //将变量 a 赋初始值
    printf("%d",a);
    system("pause");
    return 0;
}
```

在上面的代码中，"//"表示注释，它将告诉编译器从"//"开始一直到本行末尾的内容都是没有用的。注释的主要作用是给程序员看的，通常用来对一行代码进行解释说明或备注。

```c
#include <stdio.h>
#include <stdlib.h>
int main()
```

---

[3]　Tab 表示一个制表符，在编程中用 Tab 来代替空格是一个很好的习惯，可以让你的代码看起来更美。Tab 键在字母 Q 键的左边，赶快试一试吧。

```
{
    int a;
    a=1; //将变量 a 赋初始值
    //printf("%d",a);
    system("pause");
    return 0;
}
```

上面的代码有两处注释，第 1 处注释我们讲过，主要是用来解释说明本行代码的作用。第 2 处的注释是将本来有用的代码 printf("%d",a);给注释掉，可以理解为"临时性删除"，就是告诉编译器 printf("%d",a);没有用。你可能要问为什么不直接删除呢？因为有时我们并不希望真正删除，只是暂时不需要，以后说不定还要再用，如果删除了就找不回来了，如果我们合理地利用"//"进行注释，那么计算机就不会运行这句话，而是理解这句话是给程序员看的。如果我们以后又要使用这句话，只需将这句话前面的"//"去掉就可以了，这样是不是很方便呢。

有效地在代码中添加注释，可以让你的程序更具可读性。

"//"只能注释到本行末尾，如果要注释多行，就要在每行上写"//"。其实注释还有另外一种，以"/*"开始一直到"*/"结束，中间的内容编译器都不会理睬。使用"/* */"的好处就是它可以跨行。

例如，下面两段代码的效果是相同的：

```
#include <stdio.h>
#include <stdlib.h>
int main()
{
    int a;
    a=1;
    //a=2;
    //a=3;
    //a=4;
    //a=5;
    printf("%d",a);
    system("pause");
    return 0;
}
```

```
#include <stdio.h>
#include <stdlib.h>
int main()
```

```
{
    int a;
    a=1;
    /*
    a=2;
    a=3;
    a=4;
    a=5;
    */
    printf("%d",a);
    system("pause");
    return 0;
}
```

上面两段代码中变量 a 的值最后还是 1。

再来看一段代码：

```
int a;
a=1;
```

上面这段代码是定义一个整型变量（小房子）a，并且给变量 a 赋一个初始值 1。我们以后会经常遇到在定义一个变量（小房子）之后，给其赋初始值的情况，可以简写如下：

```
int a=1;
```

多个变量也类似：

```
int a=1,b=2,c=3;
```

浮点型和字符型也类似：

```
float a=1.1;
char c='x';
```

需要注意的是，在给浮点型变量赋初始值的时候必须是一个小数，也就是说必须有小数点。在给字符型变量赋初始值的时候，字符两边需要加单引号，记住是单引号，不是双引号。在上面的代码中我们希望把字符 x 赋值给字符变量 c，所以我们在字符 x 的左右两边加上了单引号。

编程也是一门艺术，需要追求简洁、高效而且优美的代码，一名优秀的程序员往往也是一名艺术家。

第 **3** 章

较量才刚刚开始

第 1 节　大于、小于还是相等

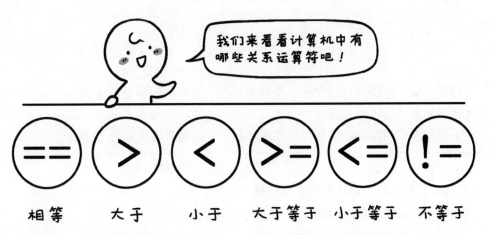

和我们一样，计算机也可以判断大小。假如你告诉计算机有 a 和 b 两个数，计算机除了可以告诉你这两个数的和、差、积和商，还可以告诉你谁大、谁小。现在我们就来瞧瞧计算机是如何判断谁大谁小的。

在此之前，我们需要先说明一下在计算机中用来判断两个数的关系的符号，即关系运算符，一共有如下 6 个：

```
==   相等
>    大于
```

```
<    小于
>=   大于等于
<=   小于等于
!=   不等于
```

需要特别注意的是，在计算机中，一个等于号"="表示赋值，两个等于号"=="表示判断是否相等，同学们在编写代码的时候千万不要写错。一个感叹号加一个等于号"!="表示"不等于"。此外计算机只有大于等于号">="和小于等于号"<="，没有等于大于号和等于小于号，即不存在"=>"和"=<"，这一点请一定要注意。

例如，以下写法是正确的：

```
5>=4
7!=8
a<b
c==d
```

以下写法是错误的：

```
4=<7
8=>3
```

第 2 节　判断正数

假如你现在想让计算机判断一个整数是否为正数，如果是则显示 yes，不是则什么都不显示，应该怎么办呢？

下面方框中的内容，就是让计算机判断一个数是否为正数的"算法"。

> 首先，计算机需要有一个小房子（即变量）来存储这个数。
> 然后，你需要告诉计算机这个数是什么？
> 接下来，计算机需要判断这个数是否为正数。
> 最后输出计算机的判断结果。

算法其实就是解决问题的方法（千万要被这个专业名词给吓住了）。

我们每遇到一个问题，首先需要思考的是解决这个问题的算法，也就是解决这个问题的方法和步骤。像上面一样一步一步地列出来，然后再将算法的每一步通过 C 语言来实现。

下面，我们就用 C 语言来实现上面的算法。

首先，计算机需要有一个小房子（即变量）来存储这个数。

> 可以用 int a;来申请一个名字叫作 a 的小房子（即变量），来存储需要判断的数。

然后，需要告诉计算机这个数是什么？

> 可以用 scanf("%d",&a);来读入一个数并将这个数存储在小房子 a 中。

接下来，计算机需要判断这个数是否为正数。

> 这可怎么办？不要紧，待会儿再来分析。

最后输出计算机的判断结果。

> 如果是正数则显示 yes，使用 printf("yes");。

好，现在我们集中精力来解决刚才的第 3 步——判断存放在小房子 a 中的数是否为正数。

想一想，我们是如何判断一个数是否为正数的？要从正数的定义出发，如果一个数大于 0，就是正数。好，计算机也是这么想的，哈哈。

> 如果 a 大于 0，则显示 yes。

接下来，尝试用 C 语言来实现。

其中"如果"在 C 语言中用 if 来表示。代码如下：

```
if (a>0) { printf("yes"); }
```

因为当 a>0 成立时候，这里只需要执行一条语句，此时{ }也可以省略不写，如下：

```
if (a>0)  printf("yes");
```

要注意的是，当且仅当条件成立时只需要执行一条语句才能省略{ }。为什么这么说？不要着急，等你看完本章的第七节就知道了。

当然，如果你觉得写在同一行很不爽，写成两行也是可以的：

```
if (a>0)
printf("yes");
```

更好的写法应该是在 printf("yes");前面空 4 个空格或者空 1 个 Tab，表示 printf("yes");是 if (a>0)的一部分，当 a>0 条件成立时才执行 printf("yes");这条语句。

```
if (a>0)
    printf("yes");
```

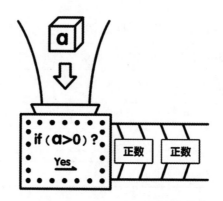

完整的代码如下：

```
#include <stdio.h>
#include <stdlib.h>
int main( )
{
    int  a;
    scanf("%d",&a);
    if (a>0)  printf("yes");
    system("pause");
    return 0;
}
```

好了，赶快试一试吧。

假如我希望输入正数时显示 yes，输入负数或 0 时显示 no，应该怎么办呢？

若要实现上述要求，第 3 部分应改为：

如果 (a 大于 0)	显示 yes
如果 (a 小于等于 0)	显示 no

对应的 C 语言代码是：

```
if (a>0)    printf("yes");
if (a<=0)   printf("no");
```

完整的代码如下：

```
#include <stdio.h>
#include <stdlib.h>
int main( )
{
    int  a;
    scanf("%d",&a) ;
```

```
    if (a>0)    printf("yes");
    if (a<=0)   printf("no");
    system("pause");
    return 0;
}
```

此外，

```
if (a>0)  printf("yes");
```

这句话更加完美的写法是：

```
if (a>0)
{
    printf("yes");
}
```

所以判断正数的代码更好的写法是：

```
#include <stdio.h>
#include <stdlib.h>
int main( )
{
    int  a;
    scanf("%d",&a) ;
    if (a>0)
    {
        printf("yes");
    }
    if (a<=0)
    {
        printf("no");
    }
    system("pause");
    return 0;
}
```

最后，需要注意的是 if( )后面是没有分号的，像下面这些写法都是不对的！

```
if (a>0) ; printf("yes");
```

```
if (a>0);
   printf("yes");
```

```
if (a>0);
{
   printf("yes");
}
```

至于为什么呢？这句话的意思是"如果什么成立，就做什么"，很明显"如果什么成立"这句话只说了一半，所以 if( )后面不能加分号，需要特别注意！

if 语句的语法格式为：

```
if (条件)
{
    语句1；
    语句2；
    语句……
}
```

if 后面一对圆括号中的内容是一个关系表达式，当表达式成立时执行后面花括号中的语句。

好了，赶快试一试吧。

一起来找茬

下面这段代码用来判断一个数是否小于或等于 100，如果是则输出 yes。其中有 3 个错误，快来改正吧！

```
#include <stdio.h>
#include <stdlib.h>
int main( )
{
    int  a;
    scanf("%d",a) ;
    if (a<100) ; printf("yes");
    system("pause");
    return 0;
}
```

➜ 更进一步，动手试一试

假如我希望输入正数时显示 yes，输入负数时显示 no，输入 0 时显示 0，应该怎么办呢？

➜ 这一节，你学到了什么

if 语句的基本格式是什么？

第3节 偶数判断

通过对本章第 2 节内容的学习，我们知道计算机是通过 if 语句来进行判断的。

现在来尝试一下判断一个数是否为偶数。首先，先写出算法。

（1）计算机需要有一个小房子（即变量）来存储这个数。

（2）你需要告诉计算机这个数是什么？

（3）计算机需要判断这个数是否为偶数。

（4）计算机输出判断结果。

其中，在第 3 步你可能遇到一点小麻烦。我们想一下，什么是偶数呢？偶数就是能够被 2 整除的数，也就是说如果一个数除以 2 的余数为 0，那么这个数就是偶数。

那么我们现在只需要判断这个数除以 2 的余数是不是 0，即：

> 如果 a 除以 2 的余数与 0 相等，则输出 yes；
>
> 如果 a 除以 2 的余数与 0 不相等，则输出 no。

C 语言中求余数的运算符号是 "%"，所以判断一个数是否为偶数的 C 语言代码就是：

```
if (a % 2 == 0) printf("yes");
if (a % 2 != 0) printf("no");
```

请注意：在 C 语言中用两个等号 "=="表示判断是否相等，一个等号 "="表示赋值。

完整的 C 语言代码如下：

```
#include <stdio.h>
#include <stdlib.h>
int main( )
{
    int  a;
    scanf("%d",&a) ;
    if (a%2==0)
    {
        printf("yes");
    }
    if (a%2!=0)
    {
        printf("no");
    }
    system("pause");
    return 0;
}
```

好了，应该尝试一下了。

一起来找茬

下面这段代码用来判断一个数是否是 7 的倍数。其中有 4 个错误，快来改正吧！

```
#include <stdio.h>
#include <stdlib.h>
int main()
{
    int  a;
    scanf("%d%d",&a) ;
    if a%7=0
    {
        printf(yes);
    }
    system("pause");
    return 0;
}
```

➤ **更进一步，动手试一试**

如何判断一个数的末尾是不是 0 呢？如果是则输出 yes（例如 120），不是则输出 no（例如 1 234）。

<h2 align="center">第 4 节　神器 else</h2>

在本章第 3 节中，我们使用了两个 if 语句让计算机判断一个数是否为偶数，不出意外的话，我想你已经成功了。本节我们将学习另外一个语句来简化之前的代码，那就是神奇的 else。

else 表示否则，只能和 if 配合使用。

现在回到如何让计算机判断一个数是否为偶数这个问题上，回顾一下本章第 3 节的算法：

> 如果 a 除以 2 的余数与 0 相等，则输出 yes；
> 如果 a 除以 2 的余数与 0 不相等，则输出 no。

其实上面第 2 个"如果"中的条件"a 除以 2 的余数和 0 不相等"正好就是第 1 个"如果"中的条件，即"a 除以 2 的余数和 0 相等"的相反情况，因此我们用"否则"来代替，从而简化我们的代码。

> 如果 a 除以 2 的余数与 0 相等，则输出 yes；
> 否则，输出 no。

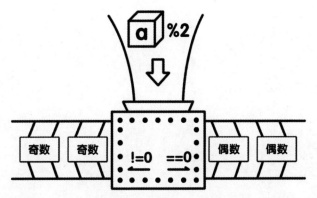

这里的"如果"在 C 语言中仍然用 if 来表示，这里的"否则"就用 else 来表示。
好，转换为如下代码：

```
if (a % 2==0)   printf("yes");
else   printf("no");
```

其实，更漂亮的写法是下面这样的：

```
if (a % 2==0)
{
    printf("yes");
}
else
{
    printf("no");
}
```

从键盘读入一个整数判断它是否为偶数的完整代码如下：

```
#include <stdio.h>
#include <stdlib.h>
int main()
{
    int a;
    scanf("%d",&a);

    if(a%2==0)
    {
        printf("yes");
    }
    else
    {
        printf("no");
    }
```

```
    system("pause");
    return 0;
}
```

if-else 语句的语法格式为：

```
if (条件)
{
    语句1;
    语句2;
    语句……;
}
else
{
    语句1;
    语句2;
    语句……;
}
```

当条件为真的时候执行 if 后面的语句；当条件为假的时候执行 else 后面的语句。

一起来找茬

下面这段代码用来判断一个数的末尾是否为 7，例如：7、17、127……如果是则打印 yes，不是则打印 no。其中有 6 个错误，快来改正吧。

```
#include <stdio.h>
#include <stdlib.h>
int main()
{
    int  a;
    scanf("%d",&a);
    if (a%10=7);
    {
        printf("yes")
    }
    else;
    {
        prinf("no")
    }
    system("pause");
    return 0;
}
```

➤ **更进一步，动手试一试**

从键盘输入一个正整数，让计算机判断这个数是否为一位数（1～9）。如果是则输出 yes，否则输出 no。

➤ **这一节，你学到了什么**

if-else 语句的基本格式是什么？

第 5 节 请告诉我谁大

在本章第 4 节中，我们学习了使用 if-else 语句来判断一个整数是否为偶数的方法。本节我们将学习如何从键盘输入两个整数，让计算机来判断哪一个整数较大，并把较大的那个整数输出来。例如，如果我们输入的是 5 和 8，那么计算机输出 8。

在学习"如何让计算机判断两个数中，谁更大"这个问题之前，先回顾一下第 2 章中如何从键盘读入两个整数并且算出它们的和的问题。

```
#include <stdio.h>
#include <stdlib.h>
int main()
{
    int  a,b,c;
    scanf("%d%d",&a,&b);
    c=a+b;
    printf("%d+%d=%d",a,b,c);
}
```

在上面这段代码中，我们输出的是"和"。那如何让计算机输出较大的一个数呢？我们仍然使用"如果"的方法。

首先还是定义 3 个变量：a 和 b 用来存放输入的两个数，c 用来存放 a 和 b 中较大的那个。

```
int a,b,c;
```

然后读入从键盘输入的两个数，分别存放到变量 a 和 b 中。

```
scanf("%d%d",&a,&b);
```

接下来要注意了，我们将通过之前学过的"如果"和"否则"的方法，来分情况讨论并判断谁更大。

```
如果(a>b)    c=a;
```

上面这两行代码是说明在 a>b 条件成立的情况下，我们将 a 的值赋给 c。但是 a>b 条件并不一定成立，所以我们还要告诉计算机在条件不成立的情况下，应该怎么办。

所以还要写：

```
否则 c=b;
```

那么完整的代码如下：

```
如果(a>b)      c=a;
否则           c=b;
```

总结一下，如果 a>b 成立，就将 a 的值赋给 c，执行 c=a。如果不成立，就执行"否则"部分，将 b 的值赋给 c，执行 c=b。

计算机通过"如果"和"否则"方法来分情况讨论。当 a>b 成立时，给出一种解决方案即执行某一个语句，这里是 c=a;。当假设不成立的时候，给出另外一种解决方案即执行另外一个语句，这里是 c=b;。

完整代码如下，赶快尝试一下吧。

```
#include <stdio.h>
#include <stdlib.h>
int main()
{
    int a,b,c;
    scanf("%d%d",&a, &b);
    if(a>b)
    {
        c=a;
    }
    else
    {
```

```
        c=b;
    }
    printf("%d",c);
    system("pause");
    return 0;
}
```

🐟 一起来找茬

下面程序的功能是从键盘读入两个整数，判断它们是否相等，如果相等则输出 yes，不相等则输出 no。其中有 6 个错误，快来改正吧！

```
#include <stdio.h>
#include <stdlib.h>
int main()
{
    int   a;
    scanf("%d",&a,&b) ;
    if (a=b) ;
    {
        printf("yes") ;
    }
    else ;
    {
        prinf("no") ;
    }
    system("pause");
    return 0;
}
```

➜ 更进一步，动手试一试

从键盘输入两个正整数，让计算机判断第 2 个数是不是第 1 个数的约数。如果是则输出 yes，不是则输出 no。

第 6 节　逻辑挑战 2：3 个数怎么办

在本章第 5 节中，我们学习了如何从两个数中找出较大的一个数，那么 3 个数该怎么办呢？

在解决这个问题之前，先回忆一下，我们是如何在任意 3 个数中找出最大一个数的呢？例如，1322、4534、1201 这 3 个数中哪个数最大？

怎么样，想出来了没有？千万不要告诉我，你是"一眼"就看出来的，如果是这样的话，请你在下列各数中"一眼"找出最大的那个来并告诉我。

啊哈 C 语言！逻辑的挑战（修订版）

123 971 141 723 813 743 60 402 592 742 737 834 656 814 562 951 20 352 8 1117 315
123 746 532 303 264 633 530 741 475 1223 505 1127 275 4 339 305 594 907 615 377
800 234 108 263 1040 1174 795 497 256 60 248 441 213 1222 135 816 152 39 703 419
760 392 749 506 182 669 821 1131 874 235 1176 637 160 1115 578 924 832 452 1186
933 16 446 694 417 17 773 87 141 326 990 1084 988 266 981 1202 1122 770 1034 935
9 119 286 291 348 203 1221 275 258 1145 747 406 915 303 503 572 330 927 983 1231
230 393 804 911 446 722 934 621 507 777 742 1169 918   1064 1030 26 619 588 1061
361 1134 232 416 373 353 902 46 1223 790 66 406 141 911 631 512 908 528 802 601
392 474 474 813 1097 833 694 386 977 553 227 476 1 121 710 420 566 291 1094 13
1012 149 1010 356 362 132 558 373 921 128 681 165 252 60 4 934 41 603 70 280 20
357 1205 532 303 264 633 530 741 475 1223 505 1127 275 4 339 305 594 907 615 377
800 234 108 263 1040 1174 795 497 256 60 248 441 213 1222 135 816 152 39 703 419
760 392 749 506 182 669 821 1131 874 235 1176 637 160 1115 578 924 832 452 1186
933 16 446 694 417 17 773 87 141 326 990 1084 988 266 981 1202 1122 770 1034 935
9 119 286 291 348 203 1221 275 258 1145 747 406 915 303 503 572 330 927 983 1231
230 393 804 911 446 722 934 621 507 777 742 1169 918 843 397 673 756 1107 809
630 615 1088 1152 608 448 949 268 669 1033 449 314 1088 604 134 17 269 1119 696
974 307 331 553 752 870 563 309 1179 853 816 155 361 546 252 197 820 330 975 679
1052 829 1205 1074 121 543 481 749 720 1106 157 1058 436 407 39 1232 181 198
1061 1114 532 303 264 633 530 741 475 1223 505 1127 275 4 339 305 594 907 615
377 800 234 108 263 1040 1174 795 497 256 60 248 441 213 1222 135 816 152 39 703
419 760 392 749 506 182 669 821 1131 874 235 1176 637 160 1115 578 924 832 452
1186 933 16 446 694 417 17 773 87 141 326 990 1084 988 266 981 1202 1122 770
1034 935 9 119 286 291 348 203 1221 275 258 1145 747 406 915 303 503 572 330 927
983 1231 230 393 804 911 446 722 934 621 507 777 742 1169 918 843 397 673 756
1107 809 630 615 1088 1152 608 448 949 268 669 1033 449 314 1088 604 134 17 269
1119 696 974 307 331 553 752 870 563 309 1179 853 816 155 361 546 252 197 820
330 975 679 1052 829 1205 1074 121 543 481 749 720 1106 157 1058 436 407 39
1232 181 198 1061 1114 532 303 264 633 530 741 475 1223 505 1127 275 4 339 305
594 907 615 377 800 234 108 263 1040 1174 795 497 256 60 248 441 213 1222 135
816 152 39 703 419 760 392 749 506 182 669 821 1131 874 235 1176 637 160 1115
578 924 832 452 1186 933 16 446 694 417 17 773 87 141 1160 480 756 817 1100 812

358 106 943 187 1223 143 73 308 437 260 612 575 645 644 669 681 1065 778 528 357
20 1210 615 991 92 585 757 629 636 410 166 798 470 264 526 860 679 313 648 806
706 572 546 34 1218 341 818 1190 781 691 101 985 336 922 728 7 790 1097 295 1205
390 1145 643 550 801 683 580 465 496 432 169 541 6 651 685 566 145 741 225 361
124 412 641 314 5 1115 27 873 597 1041 1222 280 137 789 102 293 694 944 199 789
962 913 276 246 299 351 1005 310 1124 711 335 132 182 185 496 438 634 462 696
910 801 576 916 525 1130 268 397 755 820 633 696 451 107 702 332 817 212 398 113
1185 862 991 542 786 461 889 564 913 4 656 41 861 15

怎么样，你"一眼"就看出来了吗？最大的数是多少？如果你可以在 1 秒内看出来，那你一定不是地球人，最大的数是 1232。

现在回归正题，我们从一个数列中寻找最大的一个数的时候，大致是从左到右、从上到下快速地扫描（当然，古代的中国人可能是从上到下、从右到左），在快速扫描的过程中，我们首先会记住第 1 个数，然后继续往下看，一直看到一个数比之前记住的最大的数还要大时，就转为记住这个更大的数，然后一直快速扫描完毕，找出最大的一个。下面来模拟这个过程。

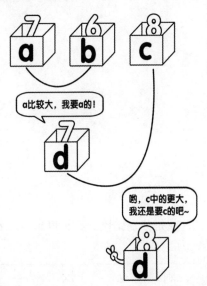

同理（我上学的时候最怕看到这个词语，没有办法，这里我也借用一下，因为我一时半会儿也想不到更好的词语了），我们来找出 3 个数中最大的数也是相同的原理。

计算机要想找出 3 个数中最大的数，其实就是模仿我们的思维过程。

63

> 首先，用 3 个变量 a、b、c 分别存放从键盘读入的 3 个数。
> 然后，先比较变量 a 和 b 的值，将较大的值赋给变量 d。
> 再比较变量 d 和 c 的值，如果变量 c 的值大于变量 d 的值，则把变量 c 的值赋给变量 d。
> 最后输出变量 d 的值。

完整的代码如下：

```
#include <stdio.h>
#include <stdlib.h>
int main()
{
    int a,b,c,d;
    scanf("%d %d %d",&a,&b,&c);

    if(a>b)
    {
        d=a;
    }
    else
    {
        d=b;
    }

    if(d<c)
    {
        d=c;
    }

    printf("%d",d);

    system("pause");
    return 0;
}
```

当然还有另外一种方法，就是分别比较变量 a 和 b，以及变量 a 和 c 的关系……思路如下：

> 如果 a>=b 并且 a>=c，则输出 a；
> 如果 b>a 并且 b>=c，则输出 b；
> 如果 c>a 并且 c>b，则输出 c。

其中"并且"在 C 语言中用"**&&**"来表示，顺便说一下在 C 语言中"或"用"**||**"表示。"**||**"这个符号可能在键盘上不太好找，它通常在"Enter"键的上面。在英文输入法状态下，按住"Shift"键不要松手，再按下"Enter"键上方的那个键，就会出现 1 个"**|**"，重复两次就可以啦。

　　"**&&**"表示逻辑"并且"

　　"**||**"表示逻辑"或"

想一想为什么不能像下面这样写？这样写会有什么问题？自己去探索吧![1]

　如果 a>=b 并且 a>=c，输出 a；

　如果 b>=a 并且 b>=c，输出 b；

　如果 c>=a 并且 c>=b，输出 c。

完整的代码如下：

```
#include <stdio.h>
#include <stdlib.h>
int main( )
{
  int a,b,c;
  scanf("%d %d %d",&a,&b,&c);
  if (a>=b && a>=c)  printf("%d",a);
  if (b>a && b>=c)  printf("%d",b);
  if (c>a && c>b)  printf("%d",c);

  system("pause");
  return 0;
}
```

使用这种方法虽然代码比较简洁，但是在 10 个数中找出最大的数就很麻烦了。而从介绍的第 1 种方法则可以很容易地扩展出在 10 个数中找出最大的数的方法。

一起来找茬

下面这个程序的功能是从键盘读入一个整数，判断这个数是否为 7 的倍数或者为末尾含 7 的数，例如：7、14、17、21、27、28……如果是则输出 yes，不是则输出 no。其中有 5 个错误，快来改正吧。

```
#include <stdio.h>
```

---

[1]　在写本书草稿的时候，我也没有注意到这个问题，感谢@滚雪球 snow 的提醒。

```
#include <stdlib.h>
int main()
{
    int  a;
    scanf("%d",&a) ;
    if (a%7=0 | a%10=7) ;
      printf("yes") ;
    else
      printf("no")
    system("pause");
    return 0;
}
```

➜ **更进一步，动手试一试**

1．从键盘任意读入 3 个整数，如何从中找出最小的一个？

2．从键盘任意读入 4 个整数，如何从中找出最大的一个？

3．从键盘输入一个年份（整数），判断这个年份是否为闰年，是则输出 yes，不是则输出 no。

第 7 节　逻辑挑战 3：我要排序

　　在本章第 6 节中，我们学习了如何从 3 个数中找出最大的一个，现在有一个新的问题：如何从键盘输入任意 3 个数，并将这 3 个数从大到小排序呢？例如，无论你输入 2 1 3、3 2 1、1 2 3 还是 3 1 2，计算机都能够输出 3 2 1，这该怎么办呢？此时你先不要急着往下看，思考一下，通过我们之前学习的内容，你应该可以独立完成，赶快打开"啊哈 C"去尝试一下吧！

　　怎么样？我想你应该已经做出来了，即使不是完全正确也应该有了大概的思路。如果你还没有尝试过，请赶快再去尝试一下吧，这样会让你更容易理解下面的内容，同时也可以比较一下你想的和我所讲的是否一样。顺便说一下，要想学好编程，最重要的就是要多尝试。

　　要想把 3 个数从大到小排序，其实有很多种方法，这里我们主要讲解两种方法。下面来讲第 1 种方法，这是一种最直接的方法。

　　如果 a>=b 并且 b>=c，打印 a b c；

　　如果 a>=c 并且 c>b，打印 a c b；

　　如果 b>a 并且 a>=c，打印 b a c；

> 如果 b>=c 并且 c>a，打印 b c a；
>
> 如果 c>a 并且 a>=b，打印 c a b；
>
> 如果 c>b 并且 b>a，打印 c b a。

完整的代码如下：

```
#include <stdio.h>
#include <stdlib.h>
int main( )
{
    int a,b,c;
    scanf("%d %d %d",&a,&b,&c);
    if (a>=b && b>=c)  printf("%d %d %d",a,b,c);
    if (a>=c && c>b)   printf("%d %d %d",a,c,b);
    if (b>a && a>=c)   printf("%d %d %d",b,a,c);
    if (b>=c && c>a)   printf("%d %d %d",b,c,a);
    if (c>a && a>=b)   printf("%d %d %d",c,a,b);
    if (c>b && b>a)    printf("%d %d %d",c,b,a);
    system("pause");
    return 0;
}
```

　　第 2 种方法，我称之为"换位法"。一共有 3 个变量，也就是说分别有 3 个小房子 a、b 和 c。我们的目标是在小房子 a 中存储最大的变量，在小房子 b 中存储次大的变量，在小房子 c 中存储最小的变量。

　　首先，我们先将小房子 a 中的数与小房子 b 中的数做比较，如果小房子 a 中的数小于小房子 b 中的数，则将小房子 a 和小房子 b 中的数交换。这样我们就可以确定，在小房子 a 和小房子 b 中，一定是小房子 a 中存的是比较大的数。关于如何交换两个变量的值，我们在第 2 章的第 10 节已经讨论过了，需要借助另外一个小房子 t 作为中转，代码如下：

```
if (a<b)  {t=a; a=b; b=t;}
```

此时上面的这行语句不能简写为：

```
if (a<b)  t=a; a=b; b=t;
```

　　因为，当 a<b 这个条件成立时我们需要连续执行 3 条语句，此时需要将这 3 条语句放在一对 { } 括号中形成一个语句块，这样当条件 a<b 成立时，计算机才会依次执行 t=a;　a=b;　b=t;这 3 条语句。如果不加{ }，当条件 a<b 成立时计算机会执行t=a;，而 a=b;和 b=t; 这 2 条语句计算机无论如何都会执行。因为 if 语句后面只能跟随一条语句或者一个语句块，使得 a=b;和 b=t; 与 if(a<b) 这个条件没有任何关系。或许如下

写法更容易让你理解：

```
if (a<b)  t=a;
a=b;
b=t;
```

所以当需要在 if 语句后面执行多条语句的时候，就必须要用{ }把所有需要执行的语句括起来，形成一个语句块，这样，计算机就知道它们是一起的了，要执行就一起执行，要么就都不执行。

接下来，需要再次比较小房子 a 和小房子 c 中的数。如果小房子 a 中的数小于小房子 c 中的数，则将小房子 a 和小房子 c 中的数交换。这样就可以确定，在小房子 a 和小房子 c 中，一定是小房子 a 中存的数的值比较大。

```
if (a<c)  {t=a; a=c; c=t;}
```

经过将小房子 a 中的数分别与小房子 b、小房子 c 中的数进行比较和交换，我们可以确定小房子 a 中存储的数一定是 3 个数中最大的。至于目前小房子 b 和小房子 c 中存的是什么值不重要，因为我们待会儿还要继续比较小房子 b 和小房子 c 中的值。重要的是已经确定小房子 a 中存储的已经是最大的数了。

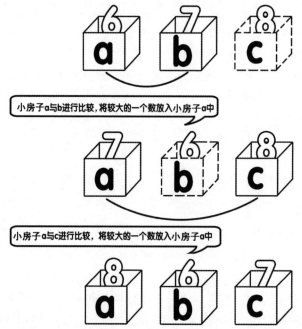

下面继续比较小房子 b 和小房子 c 中的值，将较大的值放在小房子 b 中。

```
if (b<c)  {t=b; b=c; c=t;}
```

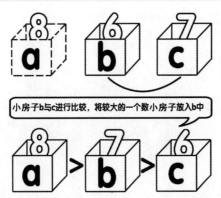

经过 3 轮比较，我们终于排序完毕，并将最大的数放在小房子 a 中，次大的数放在小房子 b 中，最小的数放在小房子 c 中。

下面是完整的代码，赶快来试一试吧。

```
#include <stdio.h>
#include <stdlib.h>
int main( )
{
    int a,b,c,t;
    scanf("%d %d %d",&a,&b,&c);
    if (a<b)  {t=a; a=b; b=t;}
    if (a<c)  {t=a; a=c; c=t;}
    if (b<c)  {t=b; b=c; c=t;}
    printf("%d %d %d",a,b,c);
    system("pause");
    return 0;
}
```

在第 6 章，我们将会学习选择排序，它就是基于这种方法的扩展。

题外话：有时像这样的写法，显得过于紧凑。

```
if (a<b)  {t=a; a=b; b=t;}
```

我们可以改为如下较为宽松的写法：

```
if (a<b)
{
    t=a;
    a=b;
    b=t;
}
```

其完整的代码如下：

```c
#include <stdio.h>
#include <stdlib.h>
int main( )
{
    int a,b,c,t;
    scanf("%d %d %d",&a,&b,&c);
    if (a<b)
    {
        t=a;
        a=b;
        b=t;
    }
    if (a<c)
    {
        t=a;
        a=c;
        c=t;
    }
    if (b<c)
    {
        t=b;
        b=c;
        c=t;
    }
    printf("%d %d %d",a,b,c);
    system("pause");
    return 0;
}
```

一起来找茬

下面程序的功能是从键盘读入 1 个整数，如果这个数是奇数就输出这个数后面的 3 个数，如果这个数是偶数，就输出这个数前面的 3 个数。例如，如果输入的整数是 5，就输出 678；如果输入的整数是 4，就输出 321。其中有两个错误，快来改正吧。

```c
#include <stdio.h>
#include <stdlib.h>
int main()
{
    int  a;
    scanf("%d",&a) ;
    if (a%2==1)
      printf("%d ",a+1) ;
```

```
        printf("%d ",a+2) ;
        printf("%d ",a+3) ;
    else
        printf("%d ",a-1) ;
        printf("%d ",a-2) ;
        printf("%d ",a-3) ;
    system("pause");
    return 0;
}
```

➤ **更进一步，动手试一试**

从键盘读入任意 4 个整数，将其从小到大输出。

第 8 节 运算符总结

通过前面的学习，我们了解了 C 语言中的许多运算符，有算术运算符 "+"、关系运算符 "=="和逻辑运算符 "&&"、"||"。下面我们来总结一下，如表 3-1 所示。

表 3-1 运算符总结

名　　称	作　　用	名　　称	作　　用
+	加	>=	大于等于
−	减	<=	小于等于
*	乘	!=	不等于
/	除	&&	与
>	大于	||	或
<	小于	!	非
==	等于		

第 9 节 1＞2 究竟对不对

幼儿园的小朋友大概都知道 1>2 这个关系表达式是不成立的。对 C 语言来讲，1>2 这个关系表达的写法并没有任何错误，只不过它是假的关系表达式。如果喜欢，你也可以写 11<10，相信你还可以写出很多这样假的关系表达式。可是你千万不要以为类似于 11<10 这样的假的表达式没有任何意义，在第 4 章你会发现它大有用途。

此外，2>=2 这个关系表达式是真的，因为它表示的是 2 大于 2 或者 2 等于 2，只需满足其中任意一个条件就是真的关系表达式。类似于 1<=2 这样的表达式也是真的。

请看下面这段代码：

```
if (1>2)
{
    printf("yes");
}
else
{
    printf("no");
}
```

上面这段代码表示，如果 1>2 成立，也就是说如果 1>2 这个关系表达式是真的，则输出 yes，否则输出 no。很显然 1>2 是假的，计算机会输出 no。这个应该很容易理解。但是看到下面这段代码你肯定会晕：

```
if (1)
{
    printf("yes");
}
else
{
    printf("no");
}
```

你猜计算机会输出什么？去试一试！

如果是下面这样呢？

```
if (-5)
{
    printf("yes");
}
else
{
    printf("no");
}
```

你猜计算机输出了什么，去试一试吧。

如果是这样呢？代码如下：

```
if (0)
{
    printf("yes");
}
```

```
else
{
   printf("no");
}
```

计算机又输出了什么呢？

如果上面的 3 段代码你都尝试过，你会发现前两段代码都是输出 yes，也就是说，计算机认为前两个代码中 if 后面圆括号内的关系表达式都是成立的，是真的。第 3 段代码输出的是 no，即认为第 3 段 if 后面一对圆括号内的关系表达式不成立，是假的。

这时你可能会觉得奇怪了，关系表达式不应该是一个式子吗，至少也应该有一个 ">"、"<" 或 "==" 之类的运算符才对啊。为什么单独一个数字也有真假呢？

这个确实很奇怪，计算机就是认为 1 和 -5 是真的，0 是假的。其实在 C 语言中，对于某一个数讨论真假时，只有 0 是假的，其余都被认为是真的。很显然，如下 3 个程序都是打印 yes：

```
if (8)
{
   printf("yes");
}
else
{
   printf("no");
}
```

```
if (1000)
{
   printf("yes");
}
else
{
   printf("no");
}
```

```
if (-123)
{
   printf("yes");
}
else
{
   printf("no");
}
```

73

只有下面这个程序才会打印 no：

```
if (0)
{
    printf("yes");
}
else
{
    printf("no");
}
```

第 10 节　讨厌的嵌套

if-else 语句的"嵌套"就是在一个 if-else 语句中再"嵌套"另外一个 if-else 语句。在讲"嵌套"之前我们先回忆一下本章第 6 节中的一个例子：如何在三个数中找出最大的一个数。

```
#include <stdio.h>
#include <stdlib.h>
int main( )
{
    int a,b,c;
    scanf("%d %d %d",&a,&b,&c);
    if (a>=b && a>=c)  printf("%d",a);
    if (b>a && b>=c)  printf("%d",b);
    if (c>a && c>b)  printf("%d",c);

    system("pause");
    return 0;
}
```

在上面的代码中，我们使用了"&&"这个逻辑关系运算符号来解决两个条件同时"满足"的需求。其实还有另外一种方法来解决这个问题。

```
if(a>=b && a>=c)
    printf("%d",a);
```

例如，上面这段代码，可以用"嵌套"的方式写成：

```
if(a>=b)
{
    if(a>=c)
    {
        printf("%d",a);
```

74

```
    }
}
```

其意思是：当 a>=b 条件满足时，再进一步讨论 a 与 c 的关系（如果 a>=c 也成立的话，就打印 a）。

接着往下想，如果此时 a>=b 已经成立，但是 a>=c 不成立的话，是不是就意味着在 a、b、c 中，c 是最大值呢？答案是肯定的。代码如下：

```
if(a>=b)
{
  if(a>=c)
  {
    printf("%d",a);
  }
  else
  {
    printf("%d",c);
  }
}
```

那如果第一个条件 a>=b 不成立呢？完整的代码如下：

```
#include <stdio.h>
#include <stdlib.h>
int main()
{
    int a,b,c;
    scanf("%d %d %d",&a,&b,&c);
    if(a>=b) //a>=b 成立的情况
    {
        if(a>=c) //进一步讨论 a 与 c 的关系
        {
            printf("%d",a);
        }
        else
        {
            printf("%d",c);
        }
    }
    else //a>=b 不成立的情况
    {
        if(b>=c) //进一步讨论 b 与 c 的关系
        {
            printf("%d",b);
```

```
        }
        else
        {
            printf("%d",c);
        }
    }

    system("pause");
    return 0;
}
```

在上面的代码中所有的 if-else 语句都加了 { }，这样看起来很臃肿，我们之前说过如果 if 和 else 后面只有一条语句的话，是可以省略 { } 的。代码如下：

```
#include <stdio.h>
#include <stdlib.h>
int main()
{
    int a,b,c;
    scanf("%d %d %d",&a,&b,&c);
    if(a>=b)
    {
        if(a>=c)
            printf("%d",a);
        else
            printf("%d",c);
    }
    else
    {
        if(b>=c)
            printf("%d",b);
        else
            printf("%d",c);
    }

    system("pause");
    return 0;
}
```

上面的代码其实还可以更简洁，如下：

```
#include <stdio.h>
#include <stdlib.h>
int main()
{
    int a,b,c;
```

```
scanf("%d %d %d",&a,&b,&c);
if(a>=b)
    if(a>=c)
        printf("%d",a);
    else
        printf("%d",c);
else
    if(b>=c)
        printf("%d",b);
    else
        printf("%d",c);

system("pause");
return 0;
}
```

你发现没有，在上面的代码中，我们把最外层 if-else 语句的{ }也去掉了。有的同学可能就有问题要问了。

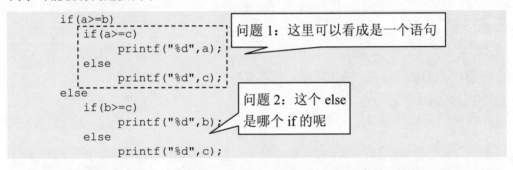

我们先来解决问题 2。问题 2 比较简单，else 的匹配采用就近原则，离上方哪个 if 最近，就属于哪个 if。所以问题 2 所指向的那个 else 是属于 if(b>=c)这个 if。这样你就可以把 if 和 else 分别一一配对了吧，是不是有点连连看的感觉。

问题 1 说起来比较麻烦，但是原理很简单，请听我慢慢道来。其实上面虚线框中的代码是一个 if-else 语句，并且是一个很完整的 if-else 语句，因为它不但有 if 部分还有 else 部分。只不过很特别的是，if 部分和 else 部分都分别有自己的子语句 printf 部分，所以看起来就显得很多了。其本质上就是一条 if-else 语句，一个"复合语句"。不过在外层的 if(a>=b)看来，它就是一条 if-else 语句，至于这条语句内部长什么样子，if(a>=b)并不关心，其实就像大盒子里面套小盒子一样，if(a>=b)是搞不清楚 if(a>=c) 里面是什么样子的。

77

第 11 节　if-else 语法总结

其实说起来很简单，当 if( )括号内的关系表达式成立的时候，就执行 if( )后面的{ }中的内容，不成立的时候则执行 else 后面{ }中的内容。当{ }内的语句只有一条的时候，{ }可以省略。

```
if(关系表达式)
{
    语句;
    语句;
    ......
}
else
{
    语句;
    语句;
    ......
}
```

当{ }内的语句只有一条的时候，可以省略{ }。

```
if(关系表达式)
    语句;
else
    语句;
```

## 第 4 章

重量级选手登场

第 1 节　永不停止的哭声

通过第 2 章的学习，我们知道如果让计算机开口说话要使用 printf 语句。例如，让计算机说 "wa"，则使用 printf("wa");。那如果让计算机说 10 遍 "wa" 呢？你可以尝试这样写：

```
printf("wa wa wa wa wa wa wa wa wa wa");
```

或者你也可以这样写：

```
printf("wa");
printf("wa");
printf("wa");
printf("wa");
printf("wa");
printf("wa");
printf("wa");
printf("wa");
printf("wa");
printf("wa");
```

如果让计算机说 10000 遍 "wa" 呢？该怎么办呢？我想你肯定要疯了吧。在本节我们就要学习如何让计算机做重复的事情。

好，首先我们学习如何让计算机 "永无止境" 地说 "wa"。这很简单，代码如下：

```
while(1>0)
{
```

```
    printf("wa");
}
```

赶快尝试一下，你是不是发现计算机开始无止境地说"wa"了呢。

完整的代码如下：

```
#include <stdio.h>
#include <stdlib.h>
int main()
{
    while(1>0)
    {
        printf("wa");
    }
    system("pause");
    return 0;
}
```

一定要尝试啊，尝试后再往下看。

当然，你也可以让计算机无止境地说任何内容。例如：

```
while(1>0)
{
    printf("bie wa");
}
```

回到正题。上面的代码中由两部分组成，一部分是 while( )中的内容，另一部分是{ }中的内容。它表示的意思是，当 while 后面( )中的关系表达式为真时，即关系表达式成立时才执行{ }中的内容。

那么很显然，1>0 这个关系是永远成立的，所以计算机会一直执行{ }中的内容，而上面的例子{ }中只是输出 wa，所以计算机就会不停地输出 wa。

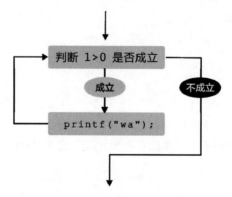

这里顺便说一下，如果{ }中只有一条语句，那么{ }便可以省略。也就是说可以简写成：

```
while(1>0)
    printf("wa");
```

这时你可能要问了：while 后面( )中的 1>0 是否可以写成 2>1 或者 3>0 等？

当然可以，如果想让计算机永不停止地如此执行，你可以写任何一个关系表达式为真的式子。甚至，你可以写 while(1)。还记得吗，我们在第 3 章说过，如果对某个数字判断真假，只要这个数不为 0 就是真的。例如，下面这段代码也可以永不停止地在屏幕上打印 wa：

```
while(1)
  printf("wa");
```

下面我来实现一个很炫的效果，"黑客帝国"来啦！

```
#include <stdio.h>
#include <stdlib.h>
int main()
{
    while(1>0)
    {
        printf("0 1");
    }
    system("pause");
    return 0;
}
```

执行上面的代码后计算机就会不停地在屏幕上打印 0 和 1。

当然，你可以改变一下打印的背景与字的颜色，例如，改为黑色的背景，绿色的字。

还记得吗？是使用 system("color　0a");这个语句。

```
#include <stdio.h>
#include <stdlib.h>
int main()
{
    system("color  0a");
    while(1>0)
    {
        printf("0 1");
    }
    system("pause");
    return 0;
}
```

是不是很像黑客帝国？

猜一猜，运行下面这段代码，计算机会有什么反应？

```
#include <stdio.h>
#include <stdlib.h>
int main()
{
    while(1<0)
    {
        printf("wa");
    }
    system("pause");
    return 0;
}
```

我想你应该猜到了，计算机一句"wa"都没有说，这是为什么呢？因为 1<0 这个关系表达式不成立，所以计算机没有执行后面 { } 中的内容。

此时你会发现计算机要么打印无数遍都不停止，要么就一次都不打印。如果想打印指定的次数该怎么办？例如，我们之前遗留下来的问题：打印 10000 遍 wa，一次也不多、一次也不少该怎么办？不要着急，让我们一起进入本章第 2 节。

✆ 一起来找茬

下面这段代码是让计算机"永无止境"地打印 hello。其中有两个错误，快来改正吧！

```
#include <stdio.h>
#include <stdlib.h>
int main( )
{
    while(1>0);
```

```
        print("hello");
    system("pause");
    return 0;
}
```

➜ **更进一步，动手试一试**

让计算机"永无止境"地在屏幕上显示中文汉字"你好"。

➜ **这一节，你学到了什么**

在 C 语言中我们用什么语句来实现循环的功能？

第 2 节　我说几遍就几遍

在本章第 1 节，我们学习了如何使用 while 循环来让计算机做重复的事情，本节将揭晓如何让计算机重复指定的次数。

我们知道如果 while 后面( )中的关系表达式成立，计算机就会运行{ }中的内容。如果( )中的关系表达式永远成立，那么计算机会"永无止境"地去重复执行{ }中的内容。

假如让计算机打印 100 次"wa"，我们需要解决的就是如何让 while( )中的关系表达式在前 100 次是成立的，然后在第 101 次的时候就不成立了。想一想，根据我们之前学过的知识，你有没有什么方法？

很显然 while 后面的( )中的关系表达式，像 2>1 或者 1<=100 等都是不适合的，因为像这样用固定的数字组合的关系表达式，一旦被写出，那么这个式子是否成立就已经是板上钉钉啦，非真即假，而且永远不会改变。例如，1<=100 这个关系表达式是永远成立的，这样并不符合我们的要求。我们需要创造怎样一个新的关系表达式，才能让这个式子有时成立，有时不成立？该怎么办呢？

我猜你已经想到了！那就是——伟大的"变量"。

我们可以尝试一下带有变量的关系表达式，例如，a<=100。因为 a 是一个变量，a 这个小房子里面所装的数是可以变化的。当小房子 a 中的数是 1 的时候，a<=100 是成立的；当小房子 a 中的数是 101 时，a<=100 就不成立了，这正好满足了对于表达式 a<=100 有时成立有时不成立的要求。对于 a<=100 这个关系表达式是否成立的关键就在于 a 这个变量所装的数是多少，也就是变量 a 的值。

　　如果想让 a<=100 在前 100 次成立，在第 101 次不成立的话，只需将变量 a 的值从 1 变化到 101 就可以了。那么如何让变量 a 的值从 1 变化到 101 呢？我们只需在最开始的时候将变量 a 的值赋为 1，然后 while 循环每循环一次，就将变量 a 的值在原来的基础上再加 1 就可以了。当变量 a 的值加到 101 时，a<=100 就不成立了，就会结束循环。代码如下：

```
int a;
a=1;
while(a<=100)
{
    printf("wa");
    a=a+1;
}
```

　　再来分析一下上面的代码，a=a+1;这条语句的作用是把小房子 a 中的值在原本的基础上增加 1（在第 2 章第 5 节有详细解释，如果还没有搞懂还是回去看看吧）。变量 a 最开始时值为 1，每执行一次 while 循环，变量 a 的值就会在原来的基础上增加 1，依次变成 2、3、4、5、6、7、8、9、…，100、101。直到变量 a 的值为 101 时，a<=100 的条件不成立，退出循环。

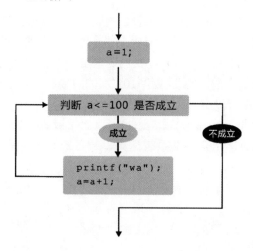

完整的代码如下：

```
#include <stdio.h>
#include <stdlib.h>
int main()
{
    int a;
    a=1;
    while(a<=100)
    {
        printf("wa");
        a=a+1;
    }
    system("pause");
    return 0;
}
```

赶快尝试一下吧。如果输出 10000 个 wa 该怎么办？或者输出 10 个 hello 呢？赶快去尝试一下吧。

接下来一个问题：如果要打印 1～100 该怎么办？

```
#include <stdio.h>
#include <stdlib.h>
int main()
{
    int a;
    a=1;
    while(a<=100)
    {
        printf("wa");
        a=a+1;
    }
    system("pause");
    return 0;
}
```

在这段代码中，我们打印了 100 个 wa，那么打印 1～100 也很简单，只需修改 printf 语句就可以了。该如何修改 printf 语句呢？之前 printf 语句的作用是输出 wa，现在需要输出 1～100，正巧变量 a 的值就是从 1 一点点增加到 100 的。我们只需在每次循环时把 a 的值输出即可，即把 printf("wa");改为 printf("%d ",a);。完整的代码如下：

```
#include <stdio.h>
#include <stdlib.h>
int main()
{
```

```
    int a;
    a=1;
    while(a<=100)
    {
        printf("%d ",a);
        a=a+1;
    }
    system("pause");
    return 0;
}
```

赶快尝试一下吧。

如果我们想倒序输出呢，就是让计算机先输出 100 再输出 99 接着输出 98、97、96、95、…、1，该怎么办？

我们刚刚学过的"让计算机输出 1～100"，就是让变量 a 从 1 开始，通过 while 循环把变量 a 的值每次都输出来，并且每次循环的时候将变量 a 的值增加 1，这样就会打印出 1～100。而此时的要求是从 100 打印到 1。很显然我们需要让变量 a 从 100 开始，通过 while 循环把变量 a 的值每次都输出来，不过每次需要递减 1，一直递减到 1 为止。代码如下：

```
#include <stdio.h>
#include <stdlib.h>
int main()
{
    int a;
    a=100;          //初始值从 100 开始
    while(a>=1)     //请注意这里的循环条件变为 a>=1
    {
        printf("%d ",a);
        a=a-1;      //每循环一次将 a 的值递减 1
    }
    system("pause");
    return 0;
}
```

问题又来啦，如果希望打印的是 1～100 中的偶数呢？自己想一想吧。

怎么样，有没有思路？其实要输出 1～100 中的偶数，有很多种方法。比如之前变量 a 是从 1 开始的，之后每次在原有的基础上增加 1，那么 a 就会从 1 到 2 再到 3 再到 4……一直到 101，当变量 a 的值增加到 101 时，不满足条件 a<=100，就会退出 while 循环。现在我们可以改变一下思路，让变量 a 的值从 2 开始，每次增加 2，这样变量 a 就会从 2 增加到 4 再增加到 6……以此类推。代码如下：

```
#include <stdio.h>
#include <stdlib.h>
int main()
{
    int a;
    a=2;
    while(a<=100)
    {
        printf("%d ",a);
         a=a+2;
    }
    system("pause");
    return 0;
}
```

好了，又到了尝试的时候了。

如何让计算机打印 1～100 中能被 3 整除的数，你应该也会了，就是先将变量 a 的初始值赋为 3，然后每次增加 3。赶快再尝试一下吧。

上面的写法虽然好，却不是万能的，假如不是输出 1～100 中能被 3 整除的数，而是输出 1～100 中所有不能被 3 整除的数呢？例如：1、2、4、5、7、8、10、…，97、98、100，又该怎么办呢？不要着急，我们将在本章第 3 节彻底解决这个问题。

一起来找茬

下面这段代码是让计算机从 100 打印到 200。其中有 3 个错误，快来改正吧！

```
#include <stdio.h>
#include <stdlib.h>
int main()
{
    int a;
    a=100;
    while(a<200) ;
    {
        printf("%d ",a);
    }
    system("pause");
    return 0;
}
```

更进一步，动手试一试

让计算机从 1 打印到 100 再打印到 1，例如：1 2 3 …… 98 99 100 99 98 …… 3 2 1。

第 3 节　if 对 while 说：我对你很重要

在本章第 2 节中，我们学习了 while 循环的基本使用方法，但是遗留了一个问题，即如何让计算机输出 1～100 中所有不能被 3 整除的数，例如：1、2、4、5、7、…、97、98、100。

通过本章第 2 节的学习，我们可以很容易地让计算机打印 1、2、3，…，100，只需让变量 a 从 1 开始每次增加 1 就可以了。如果想每次遇到 3 的倍数就不打印的话，我们只需在每次打印之前对变量 a 的值进行判断就好了，即当变量 a 的值是 3 的倍数时就不输出，否则就输出。那怎么判断变量 a 的值是否是为 3 的倍数呢？这就需要我们在第 3 章学习的 if 语句。我们只需要通过 if 语句来判断变量 a 的值除以 3 的余数是否为 0 就可以了。如果余数不为 0，说明变量 a 中的值不是 3 的倍数，就将变量 a 中的值打印出来；否则就说明变量 a 中的值是 3 的倍数，不能打印。

那么怎么判断变量 a 中的值除以 3 的余数是否为 0 呢？需要使用"%"这个运算符。在第 3 章中我们介绍过，"%"读作 mod，也可以称之为"取模"，作用就是获取余数。另外说一下"%"这个运算符的左右两边必须为整数。而"/"这个符号表示除号，作用是获取商，"/"运算符的左右两边既可以是整数也可以是小数。代码如下：

```c
#include <stdio.h>
#include <stdlib.h>
int main()
{
    int a;
    a=1;
    while(a<=100)
    {
        if(a%3!=0)
            printf("%d ",a);
        a=a+1;
    }
    system("pause");
    return 0;
}
```

赶快尝试一下吧。

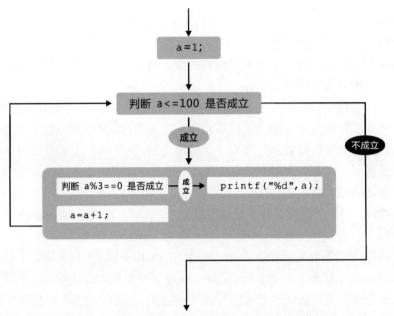

如果要输出 1～100 中能被 3 整除但是不能被 5 整除的所有数，又该怎么办？

这个数是 3 的倍数但不是 5 的倍数，也就是需要变量 a 除以 3 的余数为 0 并且除以 5 的余数不为 0。这里的逻辑关系"并且"在 C 语言中的表示方法我们在第 3 章已经学习过，用"&&"表示，代码如下：

```c
#include <stdio.h>
#include <stdlib.h>
int main()
{
    int a;
    a=1;
    while(a<=100)
    {
        if(a%3==0 && a%5!=0)
            printf("%d ",a);
        a=a+1;
    }
    system("pause");
    return 0;
}
```

更复杂的来啦！

你有没有和同学玩过一个游戏——大家围成一圈，从 1 开始报数，但是每逢遇到

7 的倍数或者末尾含 7 的数，例如 7、14、17、21、27、28 等，就要拍手并且不能报出，谁出错了，谁就要受到惩罚。

现在我想知道 1～100 中有多少这样的数，请你写这样一个程序，输出 1～100 中所有 7 的倍数和末尾含 7 的数。

很简单，我们先参照以往的程序，利用 while 循环，让变量 a 从 1 递增到 100，不过我们每次在输出变量 a 的值之前需要对变量 a 进行判断。根据题目的要求，如果变量 a 的值是 7 的倍数或者末尾含有 7 就打印出来。判断一个变量是否为 7 的倍数我们已经很熟悉了，只需要判断变量 a 除以 7 的余数是否为 0 就可以，即如果 a%7==0 这个关系表达式成立就输出。那怎么判断变量 a 的值末尾是否含 7 呢？我们仔细想一想就会发现，末尾含 7 的数其实就是这个数的个位为 7，也就是这个数除以 10 的余数为 7。发现这个规律就好办了，即在 a%10==7 这个关系表达式成立时输出就可以啦。

好了，现在有两个关系表达式 a%7==0 和 a%10==7，分别表示这个数是否为 7 的倍数以及末尾是否含 7。这两个式子是"或者"的关系，即只要有一个成立，就将这个数输出。这里的逻辑关系"或者"在 C 语言中的表示方法我们在第 3 章也学习过，用 "||" 表示，代码如下：

```c
#include <stdio.h>
#include <stdlib.h>
int main()
{
    int a;
    a=1;
    while(a<=100)
    {
        if(a%7==0 || a%10==7)
            printf("%d ",a);
        a=a+1;
    }
    system("pause");
    return 0;
}
```

第 4 节　求和！求和！！求和！！！

在本章第 2 节中，我们已经学习了如何让计算机打印 1～100，那如何让计算机求 1～100 中所有数的和呢？

你可能会说，首项加尾项的和乘以项数然后再除以 2，就可以了。没错，你可以这样做，但是如果求 1～100 中所有 7 的倍数或者末尾含 7 的数的总和，又该怎么办呢？

在求 1～100 的和之前，我们先来解决如何求 1+2+3 的值。

没错，你可以这样写：

```c
#include <stdio.h>
#include <stdlib.h>
int main()
{
    int a;
    a=1+2+3;
    printf("%d",a);
    system("pause");
    return 0;
}
```

但是如果计算 1～100 中所有数的和也这样写的话，是不是太麻烦了呢？我们可以尝试另一种写法，代码如下：

```c
#include <stdio.h>
#include <stdlib.h>
int main()
{
    int a;
    a=0; //想一想为什么 a 的初始值要为 0 呢？
    a=a+1;
    a=a+2;
    a=a+3;
    printf("%d",a);
    system("pause");
    return 0;
}
```

你可能会说这样写岂不是更麻烦……但是我们发现在上面的这段代码中，a=a+1; a=a+2; a=a+3;这三句话，基本思想是相同的，第一次加 1，第二次加 2，第三次加 3。我们可以把这三个语句用 a=a+i;来表示。然后让变量 i 从 1 到 3 循环就可以了。代码如下：

```c
#include <stdio.h>
#include <stdlib.h>
int main()
{
```

啊哈 C 语言！逻辑的挑战（修订版）

```
    int a,i;
    a=0;
    i=1;
    while(i<=3)
    {
        a=a+i;
        i=i+1;
    }
    printf("%d",a);
    system("pause");
    return 0;
}
```

如果需要计算 1～100 的和，我们只需将上面代码中 i<=3 修改为 i<=100 就可以了，赶快去尝试一下吧。

如果求 1～100 中所有 7 的倍数或者末尾含 7 的数的总和，又该怎么办呢？先来回顾一下刚刚才学会的求 1～100 中所有数的和的方法，代码如下：

```
#include <stdio.h>
#include <stdlib.h>
int main()
{
    int a,i;
    a=0;
    i=1;
    while(i<=100)
    {
        a=a+i;
        i=i+1;
    }
    printf("%d",a);
    system("pause");
    return 0;
}
```

在上面的代码中，变量 i 会从 1 到 100 每次递增 1，然后每次将变量 i 的值累加到变量 a 上。这个变量 i 就像是一个搬运苹果的工人，刚开始只拿 1 个苹果，之后拿 2 个苹果，再之后又拿 3 个苹果……最后一次一下拿了 100 个苹果。

变量 a 就像是一个很大很大的水果篮子，用来装这些苹果。每次拿来的苹果统统被装进篮子里面，第一次放 1 个苹果进去，第二次放 2 个苹果，第三次放 3 个苹果进去……最后一次放 100 个苹果进去。最后篮子 a 中苹果的总数就是 1～100 的和。所以我们最后输出了变量 a 的值，这就是答案。

92

那么求 1～100 中所有 7 的倍数或者末尾含 7 的数的总和，又该怎么办呢？

此时我们不再是每次都把苹果放进篮子里面。只有当苹果的个数是 7 的倍数或者末尾含 7 的时候，这堆苹果才能被放进篮子里面，所以就不能每次都执行 a=a+i。此时我们需要借助 if 语句来完成我们的目标。其中变量 i 就是每次拿的苹果的数量，代码如下：

```
if(i%7==0 || i%10==7)
{
    a=a+i;
}
i=i+1;
```

完整的代码如下：

```
#include <stdio.h>
#include <stdlib.h>
int main()
{
    int a,i;
```

```
    a=0;
    i=1;
    while(i<=100)
    {
        if(i%7==0 || i%10==7)
        {
            a=a+i;
        }
        i=i+1;
    }
    printf("%d",a);
    system("pause");
    return 0;
}
```

一起来找茬

下面这段代码是求 1×2×3×4×5×6×7×8×9×10 的值。其中有 3 个错误，快来改正吧！

```
#include <stdio.h>
#include <stdlib.h>
int main( )
{
    int a,i;
    a=0;
    i=1;
    while(i<10)
    {
        a=a*i;
    }
    printf("%d",a);
    system("pause");
    return 0;
}
```

更进一步，动手试一试

1. 求 1～100 所有偶数的和。

2. 输入一个整数 n(1<=n<=9)，求 n 的阶乘[1]。

---

[1] 正整数阶乘指从 1 乘以 2 乘以 3 乘以 4 一直乘到所要求的数。例如，所要求的数是 4，则阶乘式是 1×2×3×4，得到的积是 24，24 就是 4 的阶乘。如果所要求的数是 6，则阶乘式是 1×2×3×⋯×6，得到的积是 720，720 就是 6 的阶乘。如果所要求的数是 n，则阶乘式为 1×2×3×⋯×n，设得到的积是 x，x 就是 n 的阶乘。

第 5 节　逻辑挑战 4：60 秒倒计时开始

你是否曾读过 60 秒倒计时，即从 60 开始倒数，59、58、57、56……然后一直到 0。如果我们现在也能在计算机上显示出这种效果是不是很帅，不要走开，精彩马上开始。

在尝试做 60 秒倒计时之前，我们先学习如何实现 3 秒倒计时，就是让计算机输出 3、2、1、0。这个很简单，使用 4 次 printf 语句就可以了。

```c
#include <stdio.h>
#include <stdlib.h>
int main()
{
    printf("3");
    printf("2");
    printf("1");
    printf("0");
    system("pause");
    return 0;
}
```

但是计算机一下子就显示了 3210，丝毫没有倒计时的感觉，我们希望计算机先打印 3，1 秒后打印 2，再过 1 秒打印 1，再过 1 秒打印 0。如果要实现每过 1 秒打印一个数，我们就需要用到"等待"这个语句，这个语句就是 Sleep( )，注意第一个字母 S 是大写，例如，Sleep(1000) 就表示等待 1 秒。其实这里的 Sleep 就是"等待"的意思，圆括号内的数字就是表示需要"等待"的时间，单位是毫秒。还有很重要的一点，如果需要用 Sleep( )，就必须在代码的开头加上#include <windows.h>才行[2]。

我们现在让计算机每打印一个数就等待 1 秒，也就是每执行 printf( )一次，就 Sleep(1000)。修改之后的代码如下：

```
#include <stdio.h>
#include <stdlib.h>
#include <windows.h>
int main()
{
    printf("3");
    Sleep(1000);
    printf("2");
    Sleep(1000);
    printf("1");
    Sleep(1000);
    printf("0");

    system("pause");
    return 0;
}
```

尝试过后，你是不是发现计算机开始每过 1 秒打印一个数了呢，但是计算机每次打印新的数之前，并没有把之前打印出来的数清除，离我们所希望的倒计时还差那么一点点。这里介绍一个"清屏"语句，就是把现在屏幕上所有的内容清除干净，这个语句是 system("cls");。好了，我们现在就把 system("cls");加在每一个 printf( )语句的前面。这样就可以在每次打印新的内容之前先把屏幕清除干净。代码如下，赶快尝试一下吧。

```
#include <stdio.h>
#include <stdlib.h>
#include <windows.h>
int main()
{
    system("cls");
    printf("3");
    Sleep(1000);

    system("cls");
    printf("2");
    Sleep(1000);

    system("cls");
```

---

[2]　此方法只在 Windows 系统下有效。

```
    printf("1");
    Sleep(1000);

    system("cls");
    printf("0");
    Sleep(1000);

    system("pause");
    return 0;
}
```

怎么样，是不是有点意思呢。通过这种方法我们就可以实现 60～0 的倒计时，不过像上面这样写的话，10 以内的倒计时还可以接受，60～0 的倒计时写起来就太麻烦了。我们仔细分析一下上面这段代码，就会发现它由 4 个小部分组成（在代码中已经用空行隔开），这 4 个小部分，除了 printf( )语句中的数字不一样之外，其余都是一样的，而且数字也是有规律的，即从 3 到 0。我们很自然就想到利用之前学习的 while 循环来代替这 4 个 printf( )语句。

我们之前学习过如何从 100 到 1 依次输出，即让变量 a 从 100 开始，通过 while 循环每次把变量 a 的值输出来，同时每次循环时还需要将变量 a 的值减少 1，这样就会打印出 100～1。显然，让计算机从 3 打印到 0 也是一样的，只不过是让变量 a 从 3 开始，然后也是通过 while 循环每次把变量 a 的值输出，同时每次递减 1，一直递减到 0 为止。代码如下：

```
#include <stdio.h>
#include <stdlib.h>
#include <windows.h>
int main()
{
    int a;
    a=3;
    while(a>=0)
    {
        printf("%d",a);
        a=a-1;
    }
    system("pause");
    return 0;
}
```

然后在这个代码的基础上，在 printf( )语句前加上清屏语句 system("cls")，在 printf( )语句之后加上暂停语句 Sleep(1000)就可以了。完整的代码如下：

```c
#include <stdio.h>
#include <stdlib.h>
#include <windows.h>
int main()
{
    int a;
    a=3;
    while(a>=0)
    {
        system("cls");
        printf("%d",a);
        Sleep(1000);
        a=a-1;
    }
    system("pause");
    return 0;
}
```

如果要从 60 秒开始倒计时，只需将变量 a 的初始值改为 60 就可以。另外，你可以让这个倒计时看起来更好看一些，我们可以修改一下输出屏幕的背景以及字的颜色，例如，将下面这段代码改成了黑底绿字，看起来是不是更酷呢。

```c
#include <stdio.h>
#include <stdlib.h>
#include <windows.h>
int main()
{
    int a;
    a=60;
    system("color 0a");
    while(a>=0)
    {
        system("cls");
        printf("%d",a);
        Sleep(1000);
        a=a-1;
    }
    system("pause");
    return 0;
}
```

好了，现在你可以做 100 秒甚至 1000 秒的倒计时了，尝试将 Sleep 括号内的数值改小一点，例如，改为 Sleep(50)，你会发现不同的效果，赶快尝试一下吧。

→　**更进一步，动手试一试**

请尝试编写一个两分钟的倒计时。形如：2:00　1:59　1:58　……　1:00　0:59　0:58　……　0:02　0:01　0:00

→　**这一节，你学到了什么**

清屏的命令是什么？

第 6 节　这个有点晕——循环嵌套来了

首先，我们尝试输出这样一个图形：

```
*****
*****
*****
```

上面这个图形由 3 行星号组成，每行 5 个，也就是说一共有 3×5=15 个星号。如果我们想打印这个图形，有很多种方法。最简单的方法如下：

```c
#include <stdio.h>
#include <stdlib.h>
int main()
{
    printf("*****\n");
    printf("*****\n");
    printf("*****\n");
    system("pause");
    return 0;
}
```

上面的写法当然可以，但是如果要输出 100 行并且每行 100 个星号的话就太麻烦了。

利用我们学过的 while 循环，可以改进一下：

```c
a=1;
while(a<=15)
{
    printf("*");
    if(a%5==0)
        printf("\n");
    a=a+1;
}
```

上面这段代码的思想是：一共要输出 15 个星号，所以只需要循环 15 次（每循环一次就输出一个星号）。但是每行只能有 5 个星号，也就意味着，每打印 5 个星号就需要换一行，可以通过 if 语句来控制打印换行。如何控制呢？我们知道每循环一次就会打印一个星号，变量 a 的值也会递增 1，也就是说目前变量 a 的值其实就是已经打印的星号的个数。如果变量 a 的值恰好是 5 的倍数，就说明此时需要换行了，if(a%5==0)　printf("\n"); 正是起到了这个作用。完整的代码如下：

```
#include <stdio.h>
#include <stdlib.h>
int main()
{
    int a;
    a=1;
    while(a<=15)
    {
        printf("*");
        if(a%5==0)
            printf("\n");
        a=a+1;
    }
    system("pause");
    return 0;
}
```

当然还有别的方法，就是使用循环嵌套。我们再来仔细观察一下这个图。

```
*****
*****
*****
```

该图一共有 3 行，可以用 3 次 while 循环，每行只需要打印一个 "\n"，就能解决打印行的问题，代码如下：

```
a=1;
while(a<=3)
{
        printf("\n");
        a=a+1;
}
```

然后，每行需要打印 5 个星号，我们在刚才写好的 while 循环中再嵌套一个 while 循环来打印 5 个星号，代码如下：

```
    a=1;
    while(a<=3)  //while a 循环用来控制换行
    {
        b=1;
        while(b<=5)  //while b 循环用来控制输出每行 5 个星号
        {
            printf("*");
            b=b+1;
        }
        printf("\n");
        a=a+1;
    }
```

完整的代码如下：

```
#include <stdio.h>
#include <stdlib.h>
int main()
{
    int a,b;
    a=1;
    while(a<=3)
    {
        b=1;
        while(b<=5)
        {
            printf("*");
            b=b+1;
        }
        printf("\n");
        a=a+1;
    }
    system("pause");
    return 0;
}
```

在上面的代码中，有两个 while 循环，一个是外循环，另一个是内循环，内循环嵌套在外循环中。其实内循环是外循环的一部分，外循环每循环一次，内循环就会从头到尾循环一遍。其中用来控制外循环的循环次数的变量是 a，我们称这个外循环为 while a 循环；用来控制内循环的循环次数的变量是 b，我们称这个内循环为 while b 循环。

想一想，如果想要完成这样的图形该怎么办？

```
*
**
***
```

```
****
*****
```

经过分析，我们发现，这个图形有 5 行，仍然先用 while a 循环来解决 5 行的
问题，代码如下：

```
a=1;
while(a<=5)
{
    printf("\n");
    a=a+1;
}
```

但是如何使每行星号的个数不同呢？回想一下之前打印过 3 行且每行有 5 个星
号的代码，其中 while b 循环的作用是在每一行上面打印 5 个星号，所以变量 b 是从
1 递增到 5 同时每次都打印 5 个星号。可是现在的要求变了，每行不都是 5 个星号，
而是第一行 1 个星号，第二行 2 个星号……我们这里只需将 while b 循环的条件改一
下，不再是 b<=5，改为 b<=a 就可以了（b 的初始值不变，仍然是 1）。while a 循环
中的变量 a 是用来控制每一行的，变量 a 等于 1 时就是第一行，打印 1 个星号；变量
a 等于 2 时就是第二行，打印 2 个星号，所以变量 a 的值恰好就是这行所需要的星号
数，代码如下：

```
a=1;
while(a<=5)
{
    b=1;
    while(b<=a)
    {
        printf("*");
        b=b+1;
    }
    printf("\n");
    a=a+1;
}
```

完整的代码如下：

```
#include <stdio.h>
#include <stdlib.h>
int main()
{
    int a,b;
    a=1;
    while(a<=5)
```

```
    {
        b=1;
        while(b<=a)
        {
            printf("*");
            b=b+1;
        }
        printf("\n");
        a=a+1;
    }
    system("pause");
    return 0;
}
```

➜ 更进一步，动手试一试

1. 请尝试用 while 循环打印下面的图形。

输入一个整数 n(1<=n<=30)，当输入的 n 值为 3 时，打印结果是：
```
1
2 2
3 3 3
```

当输入的 n 值为 6 时，打印结果是：
```
1
2 2
3 3 3
4 4 4 4
5 5 5 5 5
6 6 6 6 6 6
```

2. 请尝试用 while 循环打印下面的图形。

输入一个整数 n(1<=n<=30)，当输入的 n 值为 3 时，打印结果是：
```
1
2 3
4 5 6
```

当输入的 n 值为 5 时，打印结果是：
```
1
2 3
4 5 6
7 8 9 10
11 12 13 14 15
```

第 7 节　逻辑挑战 5：奔跑的字母

之前我们已经学习了如何通过 while 循环，并结合暂停命令 Sleep 和清屏幕命令 system("cls") 来实现"倒计时"，本节我们将通过这些命令编写一个"奔跑的字母"的程序。

首先我们想一下，如果希望一个字母（假设这个字母是 H）从屏幕的左边往右边跑，即第一秒时字母 H 在屏幕的第一行的最左边（也就是第一行第一列），第二秒时字母 H 在屏幕第一行的第二列，第三秒时字母 H 在屏幕第一行的第三列，以此类推，该怎么实现呢？

我们知道，如果直接使用 printf("H");，字母 H 就会出现在屏幕的第一行第一列，即最靠近左上角的位置。那如何让字母 H 在屏幕的第一行第二列呢？我们可以用"空格"来占位。也就是说，在输出时先输出一个空格，再输出字母 H，即 printf(" H");（在 H 左边加一个空格来填充第一列，这样 H 就会出现在第二列）。同样，如果希望字母 H 在第一行第三列的话，只需在输出时，在 H 左边多加两个空格就可以了，即 printf(" H");，好了，我们来尝试一下。

```c
#include <stdio.h>
#include <stdlib.h>
#include <windows.h>
int main()
{
    system("cls");
    printf("H");
    Sleep(1000);
```

```
    system("cls");
    printf(" H");
    Sleep(1000);

    system("cls");
    printf("  H");
    system("pause");
    return 0;
}
```

怎么样？字母 H 是不是从左边向右边移动了 3 步。用这种方法，我们也可以让字母移动 50 步，但是如果像上面这样写，是不是太麻烦了，我们需要复制粘贴 50 次，然后每一次都要修改 printf 语句中字母 H 前面空格的个数，真是太麻烦了。

我们仔细分析一下上面这段代码，有 3 个部分基本上相同，只有 printf 语句中字母 H 前面的"空格"的个数不同，在第 1 部分字母 H 前面有 0 个空格，在第 2 部分字母 H 前面有 1 个空格，在第 3 部分字母 H 前面有 2 个空格。我们便想到了用 while 循环解决这个问题。

首先，仔细观察之前的代码你就会发现，其中有 3 段代码是差不多的。我们可以用 while 循环 3 次来解决重复的问题，代码如下：

```
#include <stdio.h>
#include <stdlib.h>
#include <windows.h>
int main()
{
    int a;
    a=0;
    while(a<=2)
    {
        system("cls");
        printf("H");
        Sleep(1000);
        a=a+1;
    }
    return 0;
}
```

运行一下你会发现，字母 H 并没有向右移动。这是为什么呢？因为在上面的 while 循环中，虽然循环了 3 遍，但是每次循环输出的都是 printf("H");，字母 H 的左边并没有空格，所以字母 H 并没有向右边跑。把 printf("H");改为 printf(" H");也不行，那样每次输出的都是字母 H 在第一行第二列的位置，字母 H 会一直停留在第一行第二列，不会往右边跑。需要解决的是，在循环第 1 次时 H 在第一列，即 H 前面有 0 个空格；循环第 2 次时 H 在第二列，即 H 前面有 1 个空格；循环第 3 次时 H 在第三列，即 H 前面有 2 个空格。

我们发现每次循环空格的变换规律是 0、1、2，这恰好和变量 a 的变化规律是一样的。第 1 次循环时变量 a 的值为 0，第 2 次循环时变量 a 的值为 1，第 3 次循环时变量 a 的值为 2。也就是说每次循环时，在打印字母"H"前，打印 a 个空格就可以了。可是如何使每次循环输出 a 个空格呢？这里我们需要用到 while 循环的嵌套。代码如下：

```c
#include <stdio.h>
#include <stdlib.h>
#include <windows.h>
int main()
{
    int a,b;
    a=0;
    while(a<=2)
    {
        system("cls");
        b=1;
        while(b<=a)
        {
            printf(" ");
            b=b+1;
        }

        printf("H");
        Sleep(1000);
        a=a+1;
    }
    system("pause");
    return 0;
}
```

在上面这段代码中，我们利用 while a 循环来控制字母 H 一共需要走多少步，利用 while b 循环来控制字母 H 每走一步需要在字母 H 前面打印多少个空格。

下面我们来仔细分析一下上面这段代码。

106

计算机自顶向下一步步执行：

首先 a 的初始值为 0
a<=2 成立，进入外循环
　　　　清屏
　　　　b 的初始值被赋为 1
　　　　b<=a 不成立（此时 a 为 0，b 为 1），不进入内循环，不会打印空格
　　　　<u>打印字母 H</u>
　　　　暂停 1 秒
　　　　a=a+1（a 从 0 变为 1）
外循环末尾，跳转到外循环的开始部分，重新判断 a<=2 是否成立
a<=2 成立（此时 a 为 1），继续进入外循环
　　　　清屏
　　　　b 的初始值被赋为 1
　　　　b<=a 成立（此时 a 为 1，b 为 1），进入内循环
　　　　　　<u>打印空格</u>
　　　　　　b=b+1（b 从 1 变为 2）
　　　　内循环末尾，跳转到内循环的开始部分，重新判断 b<=a 是否成立
　　　　发现此时 b<=a 不成立，（此时 a 为 1，b 为 2），退出内循环
　　　　<u>打印字母 H</u>
　　　　暂停 1 秒
　　　　a=a+1（a 从 1 变为 2）
外循环末尾，跳转到外循环的开始部分，重新判断 a<=2 是否成立
a<=2 成立（此时 a 为 2），继续进入外循环：
　　　　清屏幕
　　　　b 的初始值被赋为 1
　　　　b<=a 成立（此时 a 为 2，b 为 1），进入内循环
　　　　　　<u>打印空格</u>
　　　　　　b=b+1（b 从 1 变为 2）
　　　　内循环末尾，跳转到内循环的开始部分，重新判断 b<=a 是否成立
　　　　此时 b<=a 成立，（此时 a 为 2，b 为 2），再次进入内循环
　　　　　　<u>打印空格</u>
　　　　　　b=b+1（b 从 2 变为 3）
　　　　内循环末尾，跳转到内循环的开始部分，重新判断 b<=a 是否成立
　　　　发现此时 b<=a 不成立，（此时 a 为 2，b 为 3），退出内循环
　　　　<u>打印字母 H</u>
　　　　暂停 1 秒
　　　　a=a+1（a 从 2 变为 3）
外循环末尾，跳转到外循环的开始部分，重新判断 a<=2 是否成立
此时 a<=2 不成立（此时 a 为 3），退出外循环

第 8 节　究竟循环了多少次

```c
#include <stdio.h>
#include <stdlib.h>
int main()
{
    int a,b;
    a=1;
    while(a<=2)
    {
        b=1;
        while(b<=3)
        {
            printf("ok ");
            b=b+1;
        }
        a=a+1;
    }
    system("pause");
    return 0;
}
```

猜猜看，计算机执行上面这段代码后，会打印多少次"OK"？

6 次！为什么计算机会打印 6 次"OK"？

我们仔细分析一下上面的代码，会发现有两个 while 循环，即 while a 循环和 while b 循环，并且 while b 循环嵌套在 while a 循环里面。

这里 while a 循环每循环一次，while b 循环就会被完整地从头到尾执行一遍（循环 3 次，打印 3 个"OK"）。这里的 while a 循环会循环 2 次，所以 while b 循环就会被完整地执行两遍（每遍打印 3 个"OK"）。所以，一共会打印出 6 个"OK"，我们可以这样计算循环的次数：2×3=6。

我们再来看看下面这段代码循环了多少次：

```c
#include <stdio.h>
#include <stdlib.h>
int main()
{
    int a,b;
    a=1;
    while(a<=4)
    {
```

```
        b=1;
        while(b<=2)
        {
            printf("ok ");
            b=b+1;
        }
        a=a+1;
    }
    system("pause");
    return 0;
}
```

实验过后你会发现计算机一共打印出了 8 个"OK"，我们可以这样计算循环次数 4×2=8。

再来看看更复杂的，代码如下：

```
#include <stdio.h>
#include <stdlib.h>
int main()
{
    int a,b,c;
    a=1;
    while(a<=2)
    {
        b=1;
        while(b<=4)
        {
            c=1;
            while(c<=3)
            {
                printf("ok ");
                c=c+1;
            }
            b=b+1;
        }
        a=a+1;
    }
    system("pause");
    return 0;
}
```

上面这段代码，有 3 层循环嵌套，while a 循环中嵌套了 while b 循环，while b 循环中又嵌套了 while c 循环。while a 循环会循环 2 次，while b 循环会循环 4 次，while c 循环会循环 3 次。也就是说，while a 循环每循环 1 次，while b 循环就会循环

4 次，while b 循环每循环 1 次，while c 循环就会循环 3 次，所以一共循环了 2×4×3=24 次，打印了 24 个 "OK"。

➡ **更进一步，动手试一试**

请问下面这段代码会打印多少个 "OK"？

```c
#include <stdio.h>
#include <stdlib.h>
int main( )
{
    int i,j;
    i=1;
    while(i<=10)
    {
        j=1;
        while(j<=i)
        {
            printf("OK ");
            j=j+1;
        }
        i=i+1;
    }
    system("pause");
    return 0;
}
```

第 9 节　逻辑挑战 6：奔跑的小人

怎么让小人奔跑呢？

　　在本章第 7 节中，我们学会了如何让字母奔跑起来，本节我们将在"奔跑的字母"基础上，让一个小人奔跑起来，而且还可以控制这个小人奔跑的速度。

首先我们来设计这个小人：

```
 O
<H>
I I
```

将这个小人身体的三部分分为 3 行来分别表示：

第 1 行用一个大写字母 O 表示小人的脑袋。

第 2 行用左尖括号<表示小人的左手，用大写字母 H 表示小人的身体，用右尖括号>表示小人的右手。

第 3 行用两个大写字母 I 表示小人的两条腿，为了对称，两个大写字母 I 之间用一个空格隔开。

代码如下：

```
#include <stdio.h>
#include <stdlib.h>
#include <windows.h>
int main()
{
    printf(" O\n");
    printf("<H>\n");
    printf("I I\n");
    system("pause");
    return 0;
}
```

现在我们让小人动起来。首先回顾一下让字母奔跑起来的代码：

```
#include <stdio.h>
#include <stdlib.h>
#include <windows.h>
int main()
{
    int a,b;
    a=0;
    while(a<=2)
    {
        system("cls");

        b=1;
        while(b<=a)
        {
            printf(" ");
            b=b+1;
```

```
        }
        printf("H");
        Sleep(1000);
        a=a+1;
    }
    system("pause");
    return 0;
}
```

我们把上面代码中的

```
printf("H");
```

改为：

```
printf(" O\n");
printf("<H>\n");
printf("I  I\n");
```

完整的代码如下：

```
#include <stdio.h>
#include <stdlib.h>
#include <windows.h>
int main()
{
    int a,b;
    a=0;
    while(a<=2)
    {
        system("cls");

        b=1;
        while(b<=a)
        {
            printf(" ");
            b=b+1;
        }

        printf(" O\n");
        printf("<H>\n");
        printf("I I\n");

        Sleep(1000);
        a=a+1;
    }
```

```
        return 0;
}
```

运行后你会发现，只有小人的脑袋往右边移动，身体和腿呆在原地，这是为什么？

分析后我们发现，让小人往右移动主要通过在小人的左边不停地打印空格来实现。但是我们只在第 1 行的左边打印了空格，在第 2 行和第 3 行都没有打印空格的语句。因此我们要将打印空格的 while 循环再复制一遍分别放在 printf("<H>\n");和 printf("I I\n");前面，完整的代码如下：

```
#include <stdio.h>
#include <stdlib.h>
#include <windows.h>
int main()
{
    int a,b;
    a=0;
    while(a<=2)
    {
        system("cls");

        b=1;
        while(b<=a)
        {
            printf(" ");
            b=b+1;
        }
        printf(" O\n");

        b=1;
        while(b<=a)
        {
            printf(" ");
            b=b+1;
        }
        printf("<H>\n");

        b=1;
        while(b<=a)
        {
            printf(" ");
            b=b+1;
        }
        printf("I I\n");
```

```
        Sleep(1000);
        a=a+1;
    }
    system("pause");
    return 0;
}
```

怎么样，小人是不是奔跑起来啦！

如果希望小人跑得更远，我们只需把 while(a<=2)改为 while(a<=80)。如果让小人跑得更快一点，我们之前已经学习过，只需把 Sleep(1000);改为较小的值就可以了，越小越快，例如，改为 Sleep(100);。赶快试一试吧。

➜ **更进一步，动手试一试**

你可以设计一个"小人"并让它从右边向左边奔跑吗？

第 10 节　for 隆重登场

通过之前的学习，我们知道，如果要让计算机做重复的事情，可以使用 while 循环。本节介绍另一种循环——for 循环。有时它要比 while 循环使用起来更加方便。

首先我们来回顾一下，如果让计算机从 1 循环到 10，并且把 1～10 都打印出来，用 while 循环的写法是这样的：

```
#include <stdio.h>
#include <stdlib.h>
int main()
{
    int a;
    a=1;
    while(a<=10)
    {
        printf("%d ",a);
        a=a+1;
    }
    system("pause");
    return 0;
}
```

上面代码中的 while 循环，分为 3 部分，控制 while 循环从 1 到 10 执行 10 次。

第 1 部分：设置 a 的初始值为 1，即 a=1。

114

第 2 部分：设置循环条件，即 a<=10。

第 3 部分：a 每次增加 1，即 a=a+1。

上面 3 部分的共同作用使得让 while 循环从 1 到 10 循环了 10 次。如果忘记写上面 3 部分中的任一部分（根据我的经验，很多同学都会忘记写 a=1;或 a=a+1;），while 循环就不能正常运行了。这 3 部分在 3 个不同的地方，确实容易让人漏写。不过不要紧，粗心的我们可以使用 for 循环来解决这个问题。我们来看一看，用 for 循环如何解决让计算机从 1 循环到 10，并且把 1 到 10 都打印出来的问题。代码如下：

```
#include <stdio.h>
#include <stdlib.h>
int main()
{
    int a;

    for(a=1;a<=10;a=a+1)
    {
        printf("%d ",a);
    }
    system("pause");
    return 0;
}
```

你发现了没有，for 循环后面的括号，把 while 循环的 3 部分统统写了进去，并且用分号隔开，请注意只有两个分号，最后的 a=a+1 后面没有分号，它表达的意思仍然是从 1 循环到 10。这样写起来是不是方便很多。现在只需看 for 后面括号内的 3 个式子就可以知道，这个循环是从几开始，到几结束，每次增加几。

另外说一下，a=a+1 可以简写为 a++。其他简写方法将在第 5 章进一步说明。因此上面的 for 循环：

```
for(a=1;a<=10;a=a+1)
```

可以简写为：

```
for(a=1;a<=10;a++)
```

同样，也可以利用 for 循环来实现 1～100 中所有数的求和，代码如下：

```
#include <stdio.h>
#include <stdlib.h>
int main()
{
    int a,sum;
```

```
sum=0;
for(a=1;a<=100;a++)
{
    sum=sum+a;
}
printf("%d",sum);
system("pause");
return 0;
}
```

打印 1～100 中所有偶数的代码如下：

```
#include <stdio.h>
#include <stdlib.h>
int main()
{
    int a;

    for(a=2;a<=100;a=a+2)
    {
        printf("%d ",a);
    }

    system("pause");
    return 0;
}
```

用 for 循环输出 1～100 中所有 7 的倍数或者末尾含 7 的数，代码如下：

```
#include <stdio.h>
#include <stdlib.h>
int main()
{
    int a;

    for(a=1;a<=100;a++)
    {
        if(a%7==0 || a%10==7)
            printf("%d ",a);
    }
    system("pause");
    return 0;
}
```

怎么样，for 循环是不是比 while 循环要简洁很多。很多同学可能要问，既然 for 循环要比 while 循环好，为什么还要学习 while 循环呢？其实，在控制已知循环次数时，例如，需要循环 10 次或者 1000 次，for 循环确实要比 while 循环方便。但是，并不是在任何情况下 for 循环都要优于 while 循环，还要看我们对循环的需求。随着编程学习的慢慢深入，你会了解什么时候该用 for 循环，什么时候该用 while 循环。其实还有一种 do-while 循环，这里不再做介绍，有兴趣的同学可以"百度"或者"谷歌"一下，去获得更多的知识。这里插一句，随着搜索引擎的广泛使用，现在获取新知识和解决问题变得越来越便捷了。我们遇到问题时，要学会多多使用搜索引擎来解决问题，养成良好的学习习惯和学习方法才是学习的本质！

一起来找茬

下面这段代码是求 1×2×3×4×5×6×7×8×9×10 的值。其中有 4 个错误，快来改正吧！

```c
#include <stdio.h>
#include <stdlib.h>
int main( )
{
    int i,sum;
    sum=0;
    for(i=1,i<=10,i++);
    {
      sum=sum*i;
    }
    printf("%d",sum);
    system("pause");
    return 0;
}
```

更进一步，动手试一试

1. 请尝试用 for 循环打印下面的图形。

```
    *
   ***
  *****
 *******
*********
 *******
  *****
   ***
    *
```

2. 请尝试用 for 循环来打印一个九九乘法表。

第 **5** 章

好戏在后面

第 1 节　程序的 3 种结构

回顾第 2 章～第 4 章的学习内容,在第 2 章里我们所写的程序计算机只能一行一行地按从上向下的顺序执行;在第 3 章我们学会了"判断",可以让计算机在条件成立时执行某条语句,在条件不成立时执行另一条语句;到了第 4 章我们学习了"循环",可以让计算机自动重复、永无止境地运行。这便是程序设计中最基本的 3 种设计思想:顺序执行、选择执行和循环执行。

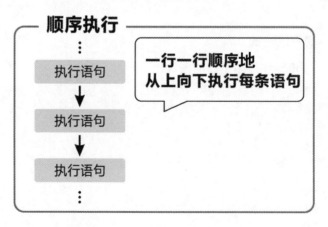

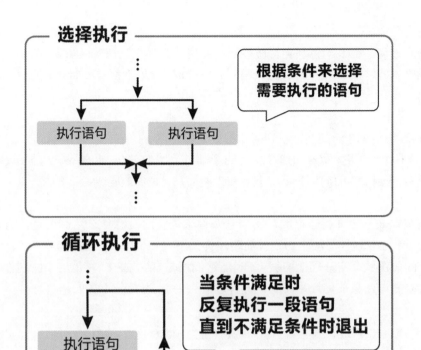

选择执行

根据条件来选择
需要执行的语句

执行语句　　执行语句

循环执行

当条件满足时
反复执行一段语句
直到不满足条件时退出

执行语句

第2节　啰嗦一下

我们在前面的章节中学习了变量和运算符的使用方法、数据的读入和输出、if-else 选择语句、while 和 for 循环语句。在本章开始之前，还有一些细节需要啰嗦一下，请注意这些细节，很重要。

第一：

a++是 a=a+1 的简写，起到的作用是将变量 a 的值在原有的基础之上增加 1。同样，a--是 a=a-1 的简写，起到的作用就是将变量 a 的值在原有的基础之上减少 1。请注意，这里不要陷入遐想，没有 a**和 a//之类的，当然也没有 a+++或者 a-----之类的，仅有 a++和 a--。当然啦，对于变量 b 而言，就是 b++和 b--。你可能要问，如果想实现 a=a+2，该怎么办？那你就得写两遍 a++，即 a++;a++;，当然还有另外一种写法，我们马上介绍。

补充一句，很多学生都会打破砂锅问到底，为什么只有 a++ 和 a−−，却没有 a** 和 a//呢？你想啊，a** 和 a//有意义吗？a*1 和 a/1 结果不都是 a 嘛，a 的值都没有发生变化。

第二：

a+=2 是 a=a+2 的简写，起到的作用就是将变量 a 的值在原有的基础之上增加 2。同样 a+=100，是将变量 a 的值在原有的基础之上增加 100。此外 a−=2 是 a=a−2 的简写，a*=2 是 a=a*2 的简写，a/=2 是 a=a/2 的简写，a%=2 是 a=a%2 的简写。

第三：

其实本来不想讲第三点的，因为它对你来说暂时没有什么用。但是，有很多同学还是会看到++a 这种写法，那我就简略地提一下。++a 和 a++的功能差不多，都是将变量 a 的值在原有的基础上增加 1。当然它们还是有区别的，只是这个区别你现在还没有必要知道，目前你还用不到。同样，a−−和−−a 也是差不多的。

第 3 节　逻辑挑战 7：判读质数很简单

在本节我们将要学习如何让计算机判断一个正整数是否为质数。

质数，又称为素数，指大于 1 的自然数，除了 1 和该整数自身外，无法被其他自然数整除（也可定义为只有 1 和它本身两个约数的数）。

比 1 大但不是质数的数称为合数。1 和 0 既非质数也非合数。20 以内的质数有 2、3、5、7、11、13、17 和 19。

如果要让计算机判断一个正整数是否为质数，最直接的方法就是从质数的定义出发。如果这个数只能被 1 和它本身整除，**即只有 1 和它本身两个约数，除此之外再没有其他约数**，那么这个数就是质数。例如，判断 1001 是否为质数，需要分别用 1001 除以 2，除以 3，除以 4，除以 5……直到除以 1000，如果都不能被整除，即都不是 1001 的约数，那就说明 1001 为质数，反之为合数。在 2～1000 中，1001 可以被 7、11、13、77、91、143 整除，这 6 个数都是 1001 的约数，所以 1001 为合数。

总结一下，如果要判断一个正整数 a 是否为质数，需要用 a 分别去除以 2、3、4、5……a−2、a−1。如果从 2 到 a−1 中的所有整数都不能被 a 整除，即找不到除了 1 和 a 本身以外的任何约数，那么就说明 a 为质数，否则为合数。即如果 a 的值为 5，我们只用判断 a 能否能被 2、3、4 整除就可以了。

好了，剩下的就简单了。在 C 语言中，可以用 int a;来存储这个待判断的整数，用"%"来解决整除的问题。假如要判断 5 是否为质数，只要 5 除以 2 的余数不为 0，5 除以 3 的余数不为 0，且 5 除以 4 的余数也不为 0 的话，就说明 5 为质数，否则 5 就是合数。代码如下：

```c
#include <stdio.h>
#include <stdlib.h>
int main( )
{
    int a;
    a=5;

    if(a%2!=0 && a%3!=0 && a%4!=0)
        printf("质数");
    else
        printf("合数");

    system("pause");
    return 0;
}
```

当然我们也可以利用反向思维，代码如下：

```c
#include <stdio.h>
#include <stdlib.h>
int main( )
{
    int a;
    a=5;

    if(a%2==0 || a%3==0 || a%4==0)
        printf("合数");
    else
        printf("质数");

    system("pause");
    return 0;
}
```

上面的代码中，如果 *a* 能被 2、3、4 中的任意一个数整除，就说明 *a* 是合数，否则为质数。

但是用上面的方法判断 10 以内的数还好办，如果要判断 1001 是否为质数就太麻烦了。不信你去试一试。

我们来改善一下方法。

```c
#include <stdio.h>
#include <stdlib.h>
int main( )
{
    int a,count;
    count=0;
    a=5;

    if(a%2==0)
        count++;
    if(a%3==0)
        count++;
    if(a%4==0)
        count++;

    if(count==0)
        printf("质数");
    else
        printf("合数");
    system("pause");
    return 0;
}
```

在上面的代码中，我们增加了一个变量 count 用来记录 a 有多少个约数，变量 count 的初始值为 0。当 a%2==0 成立时就说明 2 是 a 的约数，此时将 count 的值加 1。同理 a%3==0 和 a%4==0 这两个式子只要有任意一个成立，也需将 count 的值加 1。最后我们只通过变量 count 的值就可以知道 a 有几个约数，并判断 a 是否为质数。

如果 count 的值到最后仍然是 0 则表示 a 没有约数，说明之前的 3 个 if 判断都不成立，即 a 不能被 2、3、4 中的任意一个数整除，a 是质数。反之，如果最终 count 的值不为 0，就说明之前的 3 个 if 判断中肯定有某个（或者某几个）是成立的，2、3、4 中有 a 的约数，a 是合数。

你可能会觉得这样写貌似更加麻烦，别急，我们进一步完善一下，代码如下：

```c
#include <stdio.h>
#include <stdlib.h>
int main( )
{
```

```
    int a,count,i;

    count=0;
    a=5;

    for(i=2;i<=4;i++)
    {
        if(a%i==0)
            count++;
    }

    if(count==0)
        printf("质数");
    else
        printf("合数");
    system("pause");
    return 0;
}
```

上面的代码中我们用

```
for(i=2;i<=4;i++)
{
    if(a%i==0)
        count++;
}
```

代替了

```
if(a%2==0)
    count++;
if(a%3==0)
    count++;
if(a%4==0)
    count++;
```

因为我们发现，这 3 个 if 语句只有变量值不一样，其余都是一样的，于是便想到了用 for 循环来解决。

进一步扩展，当 a 等于 5 的时候，只需要判断 2、3、4（即从 2 到 a–1），当 a 的值不确定时，我们需要将 for(i=2;i<=4;i++) 改为 for(i=2;i<=a–1;i++)，然后用 scanf("%d",&a) 来读入数据，就可以让计算机自己来判断任意一个数是不是质数了，代码如下：

```c
#include <stdio.h>
#include <stdlib.h>
int main( )
{
    int a,count,i;
    count=0;
    scanf("%d",&a);
    for(i=2;i<=a-1;i++)
    {
        if(a%i==0)
            count++;
    }
    if(count==0)
        printf("质数");
    else
        printf("合数");
    system("pause");
    return 0;
}
```

其实，只需将上面的代码加一行打印语句就可以输出一个数的所有约数，代码如下（请注意有下画线的语句）：

```c
#include <stdio.h>
#include <stdlib.h>
int main( )
{
    int a,count,i;
    count=0;
    scanf("%d",&a);
    for(i=2;i<=a-1;i++)
    {
        if(a%i==0)
        {
            count++;
            printf("%d ",i); //打印出约数
        }
    }
    if(count==0)
        printf("质数");
    else
        printf("合数");
    system("pause");
    return 0;
}
```

124

第 4 节 更快一点：break

在本章第 3 节中，我们已经学习了如何判断一个正整数是否为质数，其实该节的代码仍然可以优化，请看下面的代码（请注意有下画线的语句）：

```
#include <stdio.h>
#include <stdlib.h>
int main( )
{
    int a,count,i;
    count=0;
    scanf("%d",&a);
    for(i=2;i<=a-1;i++)
    {
        if(a%i==0)
        {
            count++;
            break;
        }
    }
    if(count==0)
        printf("质数");
    else
        printf("合数");
    system("pause");
    return 0;
}
```

上面代码中 break;语句的作用是提前结束当前循环，也就是说当计算机运行到 break;时就会跳出 for 循环。请看下面的代码：

```
#include <stdio.h>
#include <stdlib.h>
int main( )
{
    int i;
    for(i=1;i<=10;i++)
    {
        if(i==6)
        {
            break;
        }
        printf("%d ",i);
    }
    system("pause");
```

```
    return 0;
}
```

上面的代码本来是让 i 从 1 循环到 10，但是你会发现计算机只输出了 1 2 3 4 5。因为当 i==6 时，计算机执行了 break;语句，跳出了循环。

我们来总结一下：

break 是用来提前终止 for、while 或者 do-while 循环的。

第 5 节　continue

之前我们已经学习过如何打印偶数，在这里我们介绍另外一种方法，代码如下：

```c
#include <stdio.h>
#include <stdlib.h>
int main( )
{
    int i;
    for(i=1;i<=100;i++)
    {
        if(i%2==1)
        {
            continue;
        }
        printf("%d ",i);
    }
    system("pause");
    return 0;
}
```

在上面的代码中，

```
if(i%2==1)
{
    continue;
}
```

表示的意思是：当 i%2==1 时，也就是 i 为奇数时，跳过之后的打印语句，提前进入下一次循环。

我们再来总结一下：

break 使循环提前跳出。

continue 强迫程序提前进入下一轮循环。

第 6 节　逻辑挑战 8：验证哥德巴赫猜想

上面这封书信是普鲁士数学家哥德巴赫在 1742 年 6 月 7 日写给瑞士数学家欧拉的，哥德巴赫在书信中提出了"任一大于 2 的整数都可以写成 3 个质数之和"的猜想。当时，哥德巴赫遵照的是"1 也是素数"的约定。现今，数学界已经不使用这个约定了。哥德巴赫原猜想在现代被陈述为：任一大于 5 的整数都可写成 3 个质数之和。1742 年 6 月 30 日欧拉在回信中注明，此猜想可以有另一个等价的版本，即"任一大于 2 的偶数都可写成两个质数之和"。

我们现在所说的哥德巴赫猜想通常是指这个版本。两个多世纪过去了，这一猜想既无法证明，也没有被推翻。我们现在将通过程序在 4～100 内验证这个猜想。

让我们来验证 4～100 内所有偶数都可写成两个质数之和。首先 4～100 的偶数循环可以这样写：

```
 for(k=4;k<=100;k=k+2)
{
}
```

然后我们需要将每一个数 k 拆分为 $a+b$ 的形式，a 的范围是 2～$k/2$（自己想一想为什么到 $k/2$ 就可以了）。如果 a 和 b 都是质数的话我们就将其打印出来，说明对于数 k 我们验证成功了，然后继续验证下一个数。打印的效果如下：

```
4=2+2
6=3+3
8=3+5
10=3+7
12=5+7
14=3+11
......
```

补充一点：上面的 10 还可以拆分为 5+5，14 还可以拆分为 7+7。代码框架如下：

```
 for(k=4;k<=100;k=k+2)
{
        for(a=2;a<=k/2;a++)
        {
                验证 a 是否为质数；
                如果 a 为质数
                {
                        b=k-a；
                        验证 b 是否为质数；
                        如果 b 也是质数
                        { 打印这个解并跳出循环 }
                }
        }
}
```

128

通过之前的学习，我们已经掌握了如何判断一个数是否为质数。我们将判断质数的代码融合到上面的代码中，完整的代码如下：

```c
#include <stdio.h>
#include <stdlib.h>
int main()
{
    int k,a,b,i,count1,count2;
    for(k=4;k<=100;k=k+2)
    {
        for(a=2;a<=k/2;a++)
        {
            //判断 a 是否为质数
            count1=0;
            for(i=2;i<=a-1;i++)
            {
                if(a%i==0)
                {
                    count1++;
                    break;
                }
            }
            if(count1==0)  //如果 a 为质数
            {
                b=k-a;
                //判断 b 是否为质数
                count2=0;
                for(i=2;i<=b-1;i++)
                {
                    if(b%i==0)
                    {
                        count2++;
                        break;
                    }
                }
                if(count2==0)  //如果 b 也是质数
                {
                    printf("%d=%d+%d\n",k,a,b);
                    break;  //打印这个解并跳出循环
                }
            }
        }
    }
}
```

```
    system("pause");
    return 0;
}
```

这里只验证了从 4 到 100 的数，你也可以验证更大的范围。当然，去验证哥德巴赫猜想有很多种方法，显然这种方法是不够好的，判断质数的部分也不够快，这里只是提供一种思路，我想你一定可以找到更高效的方法。

→ **更进一步，动手试一试**

请在 4～100 内验证哥德巴赫猜想，输出每一个偶数的所有可能的拆分方法。例如：

```
4=2+2
6=3+3
8=3+5
10=3+7=5+5
12=5+7
14=3+11=7+7
……
```

第 7 节　逻辑挑战 9：水仙花数

有一种三位数特别奇怪，这种数的"个位数的立方"加上"十位数的立方"再加上"百位数的立方"恰好等于这个数。例如：153=1×1×1+5×5×5+3×3×3，我们为这种特殊的三位数起了一个很好听的名字——"水仙花数"，那么请你找出所有的"水仙花数"吧。

来分析一下，既然这个数是三位数，那么必然是 100～999 中的数。所以我们只需将所有可能性的组合一一判断就可以了。进一步分析，这个三位数的百位上只可能是 1～9，十位上只可能是 0～9，个位上只可能是 0～9。

我们用三重嵌套循环来产生 100～999，代码如下：

```c
#include <stdio.h>
#include <stdlib.h>
int main( )
{
    int i,j,k;
    for(i=1;i<=9;i++)
    {
```

```
        for(j=0;j<=9;j++)
        {
            for(k=0;k<=9;k++)
            {
                        printf("%d ",i*100+j*10+k);
            }
        }
    }
    system("pause");
    return 0;
}
```

在上面的代码中，我们用 for 循环 i 来表示这个三位数的百位（从 1 循环到 9），用 for 循环 j 来表示这个三位数的十位（从 0 循环到 9），用 for 循环 k 来表示这个三位数的个位（从 0 循环到 9）。然后用百位上的数乘以 100 加上十位上的数乘以 10 再加上个位上的数就组成了这个三位数，即 i×100+j×10+k。怎么样？运行了上面的代码后计算机是不是输出了 100～999 呢。

接下来的问题就简单了，来判断这个数是否符合"水仙花数"的要求就可以了。我们只需在打印之前通过 if 语句来判断一下就可以了。

```
if(i*100+j*10+k==i*i*i+j*j*j+k*k*k)
    printf("%d ",i*100+j*10+k);
```

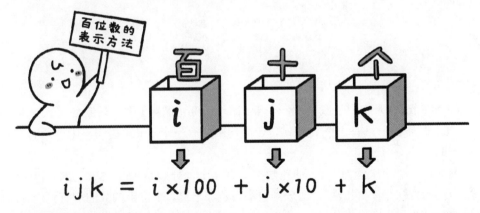

完整的代码如下：

```
#include <stdio.h>
#include <stdlib.h>
int main( )
{
    int i,j,k;
```

```
for(i=1;i<=9;i++)
{
    for(j=0;j<=9;j++)
    {
        for(k=0;k<=9;k++)
        {
            if(i*100+j*10+k==i*i*i+j*j*j+k*k*k)
            {
                printf("%d ",i*100+j*10+k);
            }
        }
    }
}
system("pause");
return 0;
}
```

其实，上面的代码可以简写为：

```
#include <stdio.h>
#include <stdlib.h>
int main( )
{
    int i,j,k;
    for(i=1;i<=9;i++)
        for(j=0;j<=9;j++)
            for(k=0;k<=9;k++)
                if(i*100+j*10+k==i*i*i+j*j*j+k*k*k)
                    printf("%d ",i*100+j*10+k);
    system("pause");
    return 0;
}
```

因为在 for 循环 i 中只嵌套了一个 for 循环 j，for 循环 j 中也只嵌套了一个 for 循环 k，for 循环 k 中只有一个 if 语句，if 语句中只有一个 printf 语句，因此所有 { } 都可以省略。

怎么样？做出来没有？"水仙花数"只有 4 个，分别是 153、370、371 和 407。

上面的方法是"拼接法"，即分别枚举百位、十位、个位上的数的所有可能，然后再拼接成一个 3 位数（百位×100+十位×10+个位）。其实我们还可以使用分割法，即将一个三位数 x 拆分成 3 部分，即 a、b、c，分别用来存放百位、十位、个位上的数。如果 a×a×a+b×b×b+c×c×c==x，就说明这个数是"水仙花数"。

那现在的问题是怎样把 x 拆分成 a、b、c 呢？例如，当 x 等于 123 的时候，让 a 里面存 1，b 里面存 2，c 里面存 3。

对于一个三位数该怎么获取它的个位上的数呢？很简单，只需将这个数除以 10 求余数就可以了。

```
123%10 -> 3
```

那怎么获得百位上的数呢？也很简单，只需将这个数除以 100 就可以了。因为在 C 语言中，如果"/"号的左右两边都只有整数部分的话，那么"商"也只有整数部分。

```
123/100 -> 1
```

获得十位上的数有点麻烦，过程如下：

```
123/10%10 -> 2
```

先将这个数除以 10，去除个位，让原来的十位变成个位（123/10→12），然后再除以 10 求余数就可以了（12/10→2）。

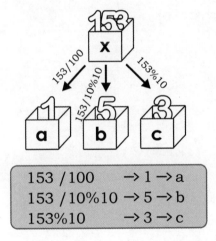

转换为 C 语言代码：

```
a=x/100;
b=x/10%10;
c=x%10;
```

试一试看吧：

```
#include <stdio.h>
#include <stdlib.h>
int main( )
{
```

```
    int x,a,b,c;
    x=123;
    a=x/100;
    b=x/10%10;
    c=x%10;
    printf("%d %d %d",a,b,c);
    system("pause");
    return 0;
}
```

怎么样？是不是成功地分离出来啦。下面，我们只需让 x 在 100～999 内循环就可以了：

```
for(x=100;x<=999;x++)
{
}
```

最后加上"水仙花数"的判断：

```
if(x==a*a*a+b*b*b+c*c*c)
    printf("%d ",x);
```

完整的代码如下：

```
#include <stdio.h>
#include <stdlib.h>
int main( )
{
    int x,a,b,c;
    for(x=100;x<=999;x++)
    {
        a=x/100;
        b=x/10%10;
        c=x%10;
        if(x==a*a*a+b*b*b+c*c*c)
                printf("%d ",x);
    }
    system("pause");
    return 0;
}
```

其实我们可以将

```
a=x/100;
b=x/10%10;
c=x%10;
```

134

改为：

```
a=x/100%10;
b=x/10%10;
c=x/1%10;
```

效果不变！有没有看出什么奥妙？自己去想吧！

"啊哈 C"网站开通了"挑战"专栏，你可以去"啊哈 C"网站上试一试，检测一下之前学习内容的掌握情况，祝你好运！"水仙花数"的挑战地址如下：

```
http://tz.ahalei.com/problems/view/1
```

➔ **更进一步，动手试一试**

1．输入一个 3 位数，求这个数个位、十位和百位的数之和。例如，输入 782，输出 17；输入 156，输出 12。

2．输入一个 n 位数，范围在 1～99 999 999，求这个 n 位数每一位上的数之和。例如，输入 12，输出 3；输入 234 510，输出 15。

第 8 节 逻辑挑战 10：解决奥数难题

请在两个□内填入相同的数字使得等式成立：□3×6528=3□×8256。

这是一个很简单的小学三年级的奥数题目，或许你可以通过口算轻而易举地解决。没有关系，我们这里只是做一个引子来看如何通过编程解决。□内所填的数是 1～9 的某一个数，最简单的方法就是一个一个地去试。我们的计算机最擅长的就是"不厌其烦"地重复做同一件事情，而且运行速度还非常快，即使你现在用的是市面上最坏最坏的计算机，它 1 秒钟仍然可以计算 100 000 000 次以上。好了，言归正传，还是来看看如何通过编程解决吧。我们只需写一个循环，让变量 i 从 1 到 9 循环就好了，然后每次循环只需判断一下当前的 i 是否符合这个等式的条件，如果符合就输出其值。

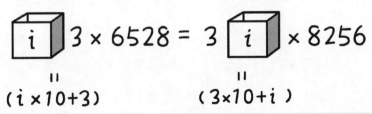

```
#include <stdio.h>
#include <stdlib.h>
```

```
int main()
{
    int i;
    for(i=1;i<=9;i++)
    {
        if( (i*10+3)*6528 == (30+i)*8256 )
            printf("%d",i);
    }
    system("pause");
    return 0;
}
```

再来看一个稍微复杂的：

$$
\begin{array}{r}
ABCD \\
\times \quad E \\
\hline
DCBA
\end{array}
$$

在上面的算式中，A、B、C、D、E 分别代表 5 个互不相同的整数，请问 A、B、C、D、E 分别为多少时算式才会成立？请输出这个算式。

分析完题目后，你会发现这个题目和上面的题目是差不多的，只要 ABCD×E 的积等于 DCBA 成立就输出。A、B、C、D、E 的取值范围只可能是 0～9。因此这里可以用 5 个嵌套循环来解决这个问题。代码如下：

```
for(a=0;a<=9;a++)
 {
    for(b=0;b<=9;b++)
    {
     for(c=0;c<=9;c++)
     {
        for(d=0;d<=9;d++)
        {
         for(e=0;e<=9;e++)
         {
             //进行判断
         }
        }
     }
    }
 }
```

接下来就是判断，首先 A、B、C、D、E 这 5 个数要互不相等：

```
if( a!=b && a!=c && a!=d && a!=e
        && b!=c && b!=d && b!=e
```

```
                        && c!=d && c!=e
                                && d!=e )
{
    //有待进一步判断
}
```

再进一步判断 ABCD×E 的积等于 DCBA 是否成立，如果成立则输出：

```
if( (a*1000+b*100+c*10+d)*e == (d*1000+c*100+b*10+a) )
{
    printf("%d%d%d%d\n",a,b,c,d);
    printf("*   %d\n",e);
    printf("-----\n");
    printf("%d%d%d%d\n",d,c,b,a);
}
```

好了，下面是完整的代码，赶快试一试吧。

```
#include <stdio.h>
#include <stdlib.h>
int main()
{
  int a,b,c,d,e;
  for(a=0;a<=9;a++)
  {
    for(b=0;b<=9;b++)
    {
      for(c=0;c<=9;c++)
      {
        for(d=0;d<=9;d++)
        {
          for(e=0;e<=9;e++)
          {
            if( a!=b && a!=c && a!=d && a!=e
                   && b!=c && b!=d && b!=e
                           && c!=d && c!=e
                                   && d!=e )
            {
                if( (a*1000+b*100+c*10+d)*e ==
                    (d*1000+c*100+b*10+a) )
                {
                    printf("%d%d%d%d\n",a,b,c,d);
                    printf("*   %d\n",e);
                    printf("----\n");
                    printf("%d%d%d%d\n",d,c,b,a);
                }
            }
          }
        }
      }
    }
```

```
            }
        }
    }

    system("pause");
    return 0;
}
```

运行结果如图 5-1 所示。

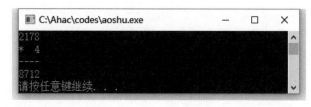

图 5-1　运行结果

➤ **更进一步，动手试一试**

用 1～6 这 6 个自然数组成一个三角形，并让这个三角形三条边上数字之和相等。例如，如图 5-2 所示的三角形中，三条边的值之和分别为：5+3+4、4+2+6、5+1+6，都等于 12。那么现在请你输出所有的可能。

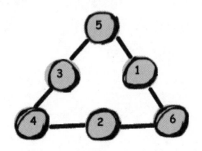

图 5-2　三角形三边之和相等

第 9 节　逻辑挑战 11：猜数游戏

计算机会随机地给出 0～99 之间的一个整数，你能否猜出这个数呢？每猜一次，计算机都会告诉你猜的数是大了还是小了，直到你猜出这个数为止。

首先我们需要解决的第一个问题就是如何让计算机随机地产生一个整数，这个很简单：

```
#include <stdio.h>
#include <stdlib.h>
int main()
{
    int a;
    a = rand();
    printf("%d",a);

    system("pause");
    return 0;
}
```

运行一下，计算机是不是随机打印了一个数？但是多运行几次你就会发现，每次打印的数都是一样的，并没有体现随机性。上面的代码中起到产生随机数作用的语句就是 rand( )，但是只有 rand( )是不够的，我们在 rand( )前面加上 srand((unsigned)time(NULL))就可以了，试一试吧，完整的代码如下。注意，这里用到了 time( )函数，因此要加上#include <time.h>才行。

```
#include <stdio.h>
#include <stdlib.h>
#include <time.h>
int main()
{
    int a;
    srand((unsigned)time(NULL));
    a = rand();
    printf("%d",a);
    system("pause");
    return 0;
}
```

srand( )是用来初始化随机种子数的，这里我们通过当前时间来获得这个随机种子。time 的值每时每刻都不同，所以种子不同，产生的随机数也不同。然后调用 rand( )，它会根据提供给 srand( )的种子值返回一个随机数（在啊哈 C 中为 0～32767）。

那么如何生成 0～99 的整数呢？很简单，只要求随机产生的数除以 100 的余数就可以了：

```
srand((unsigned)time(NULL));
a = rand()%100;
```

接下来的问题，就是你每输入一个数，就让计算机去判断是大了还是小了，直到猜对为止。

输入数据我们可以用 scanf 语句，判断大小我们可以用 if 语句。

```c
#include <stdio.h>
#include <stdlib.h>
#include <time.h>
int main()
{
    int a,b;
    srand((unsigned)time(NULL));
    a = rand()%100;
    scanf("%d",&b);
    if(b>a)
        printf("大了，请继续\n");
    if(b<a)
        printf("小了，请继续\n");
    if(b==a)
    {
        printf("恭喜你答对了\n");
    }
    system("pause");
    return 0;
}
```

运行上面的代码你会发现，我们只猜了一次就不能猜了，在这里我们用 while 循环来解决这个问题。

```c
#include <stdio.h>
#include <stdlib.h>
#include <time.h>
int main()
{
    int a,b;
    srand((unsigned)time(NULL));
    a = rand()%100;
    while(1)
    {
        scanf("%d",&b);
        if(b>a)
            printf("大了，请继续\n");
        if(b<a)
            printf("小了，请继续\n");
        if(b==a)
        {
            printf("恭喜你答对了\n");
            break;
```

```
    }
    }
    system("pause");
    return 0;
}
```

在上面的代码中，我们使用 while(1)让程序进入无限循环中，然后当你猜对时，也就是 a==b 时，用 break;来及时退出循环。

我们可以让这个程序变得更有趣一点——限定猜数的次数。

```
#include <stdio.h>
#include <stdlib.h>
#include <time.h>
int main()
{
    int a,b,sum;
    sum=6;
    srand((unsigned)time(NULL));
    a = rand()%100;
    while(1)
    {
        sum--;
        scanf("%d",&b);
        if(b>a)
            printf("大了，还剩下%d 次机会，请继续\n",sum);
        if(b<a)
            printf("小了，还剩下%d 次机会，请继续\n",sum);
        if(b==a)
        {
            printf("恭喜你，答对了！\n");
            break;
        }
        if(sum==0)
        {
            printf("已经没有机会了，请重新开始吧！\n");
            break;
        }
    }
    system("pause");
    return 0;
}
```

在上面的代码中，我们用 sum 来进行计数。初始的时候 sum=6，表示有 6 次猜的机会，然后每猜一次就执行 sum--，直到 sum 为 0，全部机会用完，程序结束。

➤ **更进一步，动手试一试**

想一想，如何生成一个 1～20 000 000 的随机数？

第 10 节　逻辑挑战 12：你好坏，关机啦

学了这么多节，真是不容易啊！终于到了第 5 章的最后一节。本节我们将学着写一个恶作剧程序——将别人的计算机关机的程序。只要别人一运行你的程序，他的计算机就会立即关机。[1]

其实关机的命令非常简单：

```
system("shutdown -s -t 50");
```

上面语句中的"shutdown"就是表示令计算机关机或者重新启动的命令，"-s"表示关机，"-r"表示重新启动，待会儿你可以试一试将"-s"用"-r"代替。"-t 50"表示的是在 50 秒后关机。"-t"和"50"之间有一个空格。完整的代码如下：

```c
#include <stdio.h>
#include <stdlib.h>
int main()
{
    system("shutdown -s -t 50");
    return 0;
}
```

怎么样，是不是启动关机程序了，如图 5-3 所示。

图 5-3　正在进行关机倒计时

----

[1]　本节介绍的关机程序只能在 Windows 操作系统上实现关机。

在等待 50 秒之后就会关机啦。

如果这个程序一运行就关机，那就太没有意思啦！我们可以将这个程序和本章第 9 节的猜数问题结合在一起。如果你在 6 次之内猜出来了，就显示"恭喜你，答对了!"。如果没有猜出来就显示"没有机会了，系统将在 50 秒后关机!"。完整代码如下：

```c
#include <stdio.h>
#include <stdlib.h>
#include <time.h>
int main()
{
    int a,b,sum;
    sum=6;
    srand((unsigned)time(NULL));
    a = rand()%100;
    while(1)
    {
        sum--;
        scanf("%d",&b);
        if(b>a)
            printf("大了，还剩下%d 次机会，请继续\n",sum);
        if(b<a)
            printf("小了，还剩下%d 次机会，请继续\n",sum);
        if(b==a)
        {
            printf("恭喜你，答对了! \n");
            break;
        }
        if(sum==0)
        {
            printf("没有机会了，系统将在 50 秒后关机\n");
            system("shutdown -s -t 50");
            break;
        }
    }
    system("pause");
    return 0;
}
```

哦，对了，还有一个取消关机的命令：

```c
system("shutdown -a");
```

## 第 6 章

天啊！一大串数正在接近

第 1 节 逆 序 输 出

　　思考一个问题：如何从键盘输入 5 个整数，然后将其逆序输出？比如，输入 6、3、5、7、8，则输出 8、7、5、3、6。

　　你可能会说很简单啊，可以这样写：

```
#include <stdio.h>
#include <stdlib.h>
int main( )
{
    int a,b,c,d,e;
    scanf("%d%d%d%d%d",&a,&b,&c,&d,&e);
    printf("%d %d %d %d %d",e,d,c,b,a);
    system("pause");
    return 0;
}
```

　　当然，你也可以这样写：

```
#include <stdio.h>
#include <stdlib.h>
int main( )
{
    int a,b,c,d,e;
    scanf("%d",&a);
    scanf("%d",&b);
```

```
    scanf("%d",&c);
    scanf("%d",&d);
    scanf("%d",&e);
    printf("%d ",e);
    printf("%d ",d);
    printf("%d ",c);
    printf("%d ",b);
    printf("%d ",a);
    system("pause");
    return 0;
}
```

不要鄙视我，我没有开玩笑，这样写虽然显得更为复杂，但是在接下来的章节中，你一定会发现这样写的好处。

现在 5 个数还好办，如果要想读入 100 个数，然后将这 100 个数逆序输出该怎么办呢？那岂不是要累死……请看下一节。

第 2 节　申请 100 个小房子怎么办

在第 2 章中，我们就已经学习了如何申请一个变量（小房子），很简单：

```
int a;
```

那如果我要申请 10 个变量呢，你可能会这样写：

```
int a,b,c,d,e,f,g,h,i,j;
```

那如果要申请 100 个呢，你可能会说没关系啊，慢慢写呗：

```
int a1, a2, a3, a4, a5, a6, a7, a8, a9, a10, a11, a12, a13, a14, a15,
a16, a17, a18, a19, a20, a21, a22, a23, a24, a25, a26, a27, a28, a29, a30,
a31, a32, a33, a34, a35, a36, a37, a38, a39, a40, a41, a42, a43, a44, a45,
a46, a47, a48, a49, a50, a51, a52, a53, a54, a55, a56, a57, a58, a59, a60,
a61, a62, a63, a64, a65, a66, a67, a68, a69, a70, a71, a72, a73, a74, a75,
a76, a77, a78, a79, a80, a81, a82, a83, a84, a85, a86, a87, a88, a89, a90,
a91, a92, a93, a94, a95, a96, a97, a98, a99, a100;
```

那如果要申请 10 000 个呢？如果这样写下去，估计不吃晚饭也写不完。下面将介绍一种简洁的写法，用一行语句就可以一次性申请 10 000 个变量。

```
int a[10000];
```

怎么样，是不是很方便，如果只需申请 10 个，我们可以依葫芦画瓢：

```
int a[10];
```

在上面这行语句中，我们定义了 10 个整型变量，就如同 10 个"小房子"并排放在了一起：

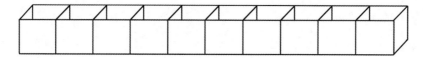

如何使用这些变量呢？不要着急，马上揭晓。

首先，int a[10];中[ ]里的数字表示需要定义变量的个数，我们这里定义了 10 个。这 10 个变量分别用 a[0]、a[1]、a[2]、a[3]、a[4]、a[5]、a[6]、a[7]、a[8]、a[9]来表示。

数组 a

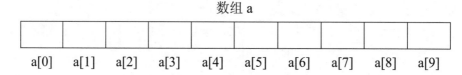

你可能有一个疑问，为什么是从 a[0]到 a[9]，而不是从 a[1]到 a[10]呢？为什么从 0 开始计数呢？从 1 开始多好啊！其实一点也不奇怪，只是习惯不同罢了。我们中国人比较喜欢从 1 开始计数，比如说"楼房"是第一层、第二层……可是在国外，首层是 Ground Floor，然后才是 First Floor（第一层）、Second Floor（第二层）……

假如我们要将 a[0]～a[9]这 10 个变量分别存储 0、1、4、9、16、25、36、49、64、81 的话，可以这样写：

```
a[0]=0;
a[1]=1;
a[2]=4;
a[3]=9;
a[4]=16;
a[5]=25;
a[6]=36;
a[7]=49;
a[8]=64;
a[9]=81;
```

当然，你也用 for 循环来简化上面的代码：

```
for(i=0;i<=9;i++)
{
    a[i]=i*i;
}
```

好，我们来看一段完整的代码：

```
#include <stdio.h>
#include <stdlib.h>
int main( )
{
    int a[10],i;
    for(i=0;i<=9;i++)
    {
        a[i]=i*i;
    }
    for(i=0;i<=9;i++)
    {
        printf("%d ",a[i]);
    }
    system("pause");
    return 0;
}
```

上面这段代码，就是将 0、1、4、9、16、25、36、49、64、81 这 10 个数放入 a[0]～a[9]中，然后再将 a[0]～a[9]中的数打印出来。

第 3 节　100个数的逆序

好，回到本章的第 1 个问题——如何逆序输出。我们将利用"数组"来彻底解决这个问题。

很简单，我们先解决输入的问题。根据本章第 2 节的方法，可以这样写：

```
#include <stdio.h>
#include <stdlib.h>
int main( )
{
    int a[5];
    scanf("%d",&a[0]);
    scanf("%d",&a[1]);
    scanf("%d",&a[2]);
    scanf("%d",&a[3]);
    scanf("%d",&a[4]);
    system("pause");
    return 0;
}
```

接着可以用 for 循环来简化上面的代码：

```
#include <stdio.h>
#include <stdlib.h>
int main( )
```

```
{
    int a[5],i;
    for(i=0;i<=4;i++)
    {
        scanf("%d",&a[i]);
    }
    system("pause");
    return 0;
}
```

那逆序输出该怎么办？只需将 for(i=0;i<=4;i++)改为 for(i=4;i>=0;i--)就可以了。

```
for(i=4;i>=0;i--)
{
    printf("%d ",a[i]);
}
```

完整的代码如下：

```
#include <stdio.h>
#include <stdlib.h>
int main( )
{
    int a[5],i;
    for(i=0;i<=4;i++)
    {
        scanf("%d",&a[i]);
    }
    for(i=4;i>=0;i--)
    {
        printf("%d ",a[i]);
    }

    system("pause");
    return 0;
}
```

第 4 节　逻辑挑战 13：陶陶摘苹果

陶陶摘苹果[1]的问题描述如下：

陶陶家的院子里有一棵苹果树，每到秋天树上就会结出 10 个苹果。苹果成熟的时候，陶陶就会跑去摘苹果。陶陶有个 30cm 高的板凳，当她不能直接用手摘到苹果

---

[1]　《陶陶摘苹果》题目来源于第十一届全国青少年奥林匹克信息学联赛复赛普及组试题（NOIP 2005）。

时，就会踩到板凳上再试试。

现在已知 10 个苹果到地面的高度，以及陶陶把手伸直的时候能够达到的最大高度，请帮陶陶算一下她能够摘到的苹果的数目。假设她碰到苹果，苹果就会掉下来。

【输入格式】

输入文件包括两行数据。第 1 行包含 10 个 100～200 之间（包括 100 和 200）的整数（以 cm 为单位）分别表示 10 个苹果到地面的高度，两个相邻的整数之间用 1 个空格隔开。第 2 行只包括 1 个 100～120 之间（包含 100 和 120）的整数（以 cm 为单位），表示陶陶把手伸直时能够达到的最大高度。

【输出格式】

只包括一行，这一行只包含一个整数，表示陶陶能够摘到的苹果的数目。

【样例输入】

```
100 200 150 140 129 134 167 198 200 111
110
```

【样例输出】

```
5
```

这个题目很简单，题目的输入数据中已经给出了每个苹果的高度和陶陶的身高。我们只需依次来判断"每个苹果的高度"是否小于等于"陶陶的身高加板凳的高度"。

陶陶的身高是一个整数，我们可以用一个整型变量 h 来存储。10 个苹果的高度，我们可以用一个大小为 10 的整型数组 a[10] 来存储。代码如下：

```
int h,a[10];
```

解决了存储的问题，接下来我们来解决读入的问题。题目在给出数据时是先给出 10 个苹果的高度，再给出陶陶的身高。那我们要注意读入的顺序。

149

```
for(i=0;i<=9;i++)
        scanf("%d",&a[i]);
scanf("%d",&h);
```

上面的代码中，我们利用 for 循环来读入 10 个苹果的高度并存入数组 a 中。要注意的是，我们在定义数组 a 的时候，写的是 int a[10]，虽然申请了 10 个空间，但是数组是从 0 开始计数的，所以是 a[0]~a[9]。当然你也可以写 int a[11]，就可以用 a[1]~a[10]了，只是浪费了 a[0]这个空间。其实我更倾向于第 2 种写法，因为我们中国人更喜欢从 1 开始计数。

在解决了输入问题后，我们需要统计陶陶可以摘到多少苹果了。我们仍然要使用 for 循环来依次判断陶陶能否摘到每个苹果。如果苹果的高度<=陶陶的身高+板凳的高度，那么这个苹果陶陶就可以摘到。板凳的高度是固定的，为 30cm。

```
sum=0;
for(i=0;i<=9;i++)
{
        if( a[i] <= h+30 )
                sum++;
}
printf("%d",sum);
```

上面的代码中，整型变量 sum 是用来计数的，所以一定不要忘记 sum 的初始值为 0，当然在使用 sum 这个变量前别忘了定义 int sum;，最后只需输出 sum 的值就可以了。完整的代码如下：

```
#include <stdio.h>
#include <stdlib.h>
int main( )
{
        int h,a[10],i,sum;
        for(i=0;i<=9;i++)
                scanf("%d",&a[i]);
        scanf("%d",&h);
        sum=0;
        for(i=0;i<=9;i++)
        {
                if( a[i] <= h+30 )
                        sum++;
        }
        printf("%d",sum);
        system("pause");
        return 0;
}
```

第 5 节　逻辑挑战 14：一个萝卜一个坑

这里有一个有趣的问题：从键盘输入 5 个 0～9 的数，然后输出 0～9 中那些没有出现过的数。例如，输入 2 5 2 1 8 时，输出 0 3 4 6 7 9。

想一想，有没有什么好办法？

我们这里借助一个数组就可以解决这个问题。

首先我们需要申请一个大小为 10 的数组 int a[10];。好了，现在你已经有了 10 个小房间，编号为 a[0]～a[9]。

刚开始的时候，我们将 a[0]～a[9] 都初始化为 0。

数组 a

0	0	0	0	0	0	0	0	0	0
a[0]	a[1]	a[2]	a[3]	a[4]	a[5]	a[6]	a[7]	a[8]	a[9]

然后用 a[0] 来表示数字 0 是否会出现，用 a[1] 来表示数字 1 是否会出现……用 a[9] 来表示数字 9 是否会出现。

下面就好办了，一会儿哪个数字出现，我们就把相应的小房间的值从 0 改为 1。例如，第一个出现的数是 2，我们就把 a[2] 这个小房间中的值从 0 变为 1。

数组 a

0	0	1	0	0	0	0	0	0	0
a[0]	a[1]	a[2]	a[3]	a[4]	a[5]	a[6]	a[7]	a[8]	a[9]

下一个出现的数是 5，我们就把 a[5] 这个小房间中的值从 0 变为 1。

数组 a

0	0	1	0	0	1	0	0	0	0
a[0]	a[1]	a[2]	a[3]	a[4]	a[5]	a[6]	a[7]	a[8]	a[9]

注意啦，接下来出现的数又是 2，此时 a[2] 这个小房间中的值已经是 1，所以值还是 1。

数组 a

0	0	1	0	0	1	0	0	0	0
a[0]	a[1]	a[2]	a[3]	a[4]	a[5]	a[6]	a[7]	a[8]	a[9]

接下来出现的数是 1，我们就把 a[1]这个小房间中的值从 0 变为 1。

数组 a

0	1	1	0	0	1	0	0	0	0
a[0]	a[1]	a[2]	a[3]	a[4]	a[5]	a[6]	a[7]	a[8]	a[9]

最后出现的数是 8，我们就把 a[8]这个小房间中的值从 0 变为 1。

数组 a

0	1	1	0	0	1	0	0	1	0
a[0]	a[1]	a[2]	a[3]	a[4]	a[5]	a[6]	a[7]	a[8]	a[9]

看一下最后 a[0]～a[9]这 10 个小房间中的数，你会惊奇地发现：出现过的数，它们所对应的小房间中的值都为 1；没有出现过的数所对应的小房间中的值都为 0。接下来，只需把小房间中值为 0 的小房间的编号输出就可以啦。

```c
#include <stdio.h>
#include <stdlib.h>
int main()
{
    int a[10],i,t;
    for(i=0;i<=9;i++)
      a[i]=0; //初始化每个小房间为 0

    for(i=1;i<=5;i++)
    {
        scanf("%d",&t); //依次读入 5 个数
        a[t]=1;          //把对应的小房间改为 1
    }
    for(i=0;i<=9;i++)
        if(a[i]==0)      //输出没有出现过的数
            printf("%d ",i);
    system("pause");
    return 0;
}
```

好了，大功告成了！其实这个方法就是"一个萝卜一个坑"。我们将 0～9 中的每个数都用单独 1 个房间来表示，每出现一个数，就将所对应的房间中的值改为 1，最后只要看看哪些房间里面的值仍然是 0 就好了。

就好比原来有 10 个萝卜，从 0～9 编号：

然后安排人去拔萝卜，第 1 个人去拔 2 号萝卜。第 2 个人去拔 5 号萝卜，第 3 个人再去拔 2 号萝卜（其实此时 2 号萝卜已经被拔走了），第 4 个人去拔 1 号萝卜，第 5 个人去拔 8 号萝卜，最后剩下的萝卜的就是答案了。是不是很简单呢？

下一个问题：如果现在需要将输入的 5 个数（范围是 0~9）从小到大排序，该怎么办？例如，输入 2 5 2 1 8，则输出 1 2 2 5 8。

也很简单，只需将上面的代码稍加改动就可以了。

首先我们仍然需要申请一个大小为 10 的数组 int a[10]，编号为 a[0]~a[9]，并初始化为 0。

数组 a

0	0	0	0	0	0	0	0	0	0
a[0]	a[1]	a[2]	a[3]	a[4]	a[5]	a[6]	a[7]	a[8]	a[9]

在之前的程序中，哪个数字出现了，我们就将相应的小房间的值从 0 变为 1。而现在我们只需将"小房间的值从 0 变为 1"改为"小房间的值加 1"就可以了。例如，2 出现了，就将 a[2] 中的值加 1。

数组 a

0	0	1	0	0	0	0	0	0	0
a[0]	a[1]	a[2]	a[3]	a[4]	a[5]	a[6]	a[7]	a[8]	a[9]

接下来的数是 5，就将 a[5] 中的值加 1。

数组 a

0	0	1	0	0	1	0	0	0	0
a[0]	a[1]	a[2]	a[3]	a[4]	a[5]	a[6]	a[7]	a[8]	a[9]

到目前为止，貌似和之前的程序没什么不同。下面，关键的一步来了。下一个

153

出现的数又是 2，我们再将 a[2]中的值加 1。

数组 a

0	0	2	0	0	1	0	0	0	0
a[0]	a[1]	a[2]	a[3]	a[4]	a[5]	a[6]	a[7]	a[8]	a[9]

注意到没有，此时 a[2]中的值为 2。

接下来的数是 1，就将 a[1]中的值加 1。

数组 a

0	1	2	0	0	1	0	0	0	0
a[0]	a[1]	a[2]	a[3]	a[4]	a[5]	a[6]	a[7]	a[8]	a[9]

最后一个数是 8，将 a[8]中的值加 1。

数组 a

0	1	2	0	0	1	0	0	1	0
a[0]	a[1]	a[2]	a[3]	a[4]	a[5]	a[6]	a[7]	a[8]	a[9]

发现没有，其实 a[0]～a[9]中所记录的数值就是 0～9 每个数所出现的次数。其中 1 出现 1 次，2 出现 2 次，5 出现 1 次，8 出现 1 次。

接下来，我们只需将出现过的数，按照出现的次数打印出来就可以了。具体如下：

a[0]为 0，表示 0 没有出现过，不打印。

a[1]为 1，表示 1 出现过 1 次，打印 1 次。屏幕上显示"1"

a[2]为 2，表示 2 出现过 2 次，打印 2 次。屏幕上显示"1 2 2"

a[3]为 0，表示 3 没有出现过，不打印。

a[4]为 0，表示 4 没有出现过，不打印。

a[5]为 0，表示 5 出现过 1 次，打印 1 次。屏幕上显示"1 2 2 5"

a[6]为 0，表示 6 没有出现过，不打印。

a[7]为 0，表示 7 没有出现过，不打印。

a[8]为 1，表示 8 出现过 1 次，打印 1 次。屏幕上显示"1 2 2 5 8"

a[9]为 9，表示 9 没有出现过，不打印。

```
#include <stdio.h>
#include <stdlib.h>
int main()
{
```

```
    int a[10],i,j,t;
    for(i=0;i<=9;i++)
       a[i]=0; // 初始化为 0

    for(i=1;i<=5;i++)    // 循环读入 5 个数
    {
        scanf("%d",&t); // 把每一个数读到变量 t 中
        a[t]++;           // t 所对应小房子中的值增加 1
    }

    for(i=0;i<=9;i++)    // 依次判断 0~9 这个 10 个小房子
        for(j=1;j<=a[i];j++)    //出现了几次就打印几次
             printf("%d ",i);

    system("pause");
    return 0;
}
```

至此，我们已经巧妙地将输入的数据，按照从小到大的顺序排序了。当然，你也可以从大到小排序，自己想一想吧！

尝试一下，输入 n 个 0~1 000 的整数，将它们从小到大排序。如果想对 1 000 以内的整数排序，我们需要 1 001 个小房子来表示每个数出现的次数，定义时要注意哦。

```
#include <stdio.h>
#include <stdlib.h>
int main()
{
    int a[1001],i,j,t,n;
    for(i=0;i<=1000;i++)
       a[i]=0;
    scanf("%d",&n);
    for(i=1;i<=n;i++)
    {
        scanf("%d",&t);
        a[t]++;
    }
    for(i=0;i<=1000;i++)
        for(j=1;j<=a[i];j++)
             printf("%d ",i);

    system("pause");
    return 0;
}
```

例如，输入：

```
10
1 10 100 1000 2 20 200 3 30 300
```

程序将会输出：

1 2 3 10 20 30 100 200 300 1000

第 6 节　逻辑挑战 15：选择排序

在本章第 5 节中，我们已经学过一种排序方法，但是这种排序方法有一个弊端，就是很浪费空间，假如需要排序的数是 0～2 100 000 000 的话，你需要申请 2 100 000 001 个小房子，也就是说要写成 int a[2 100 000 001]。因为我们需要用 2 100 000 001 个小房子来存储 0～2 100 000 000 中每一个数出现的次数，即使是给 5 个数进行排序（例如，1、1 912 345 678、2 100 000 000、18 000 000、1 912 345 678），也需要申请 2 100 000 001 个小房子，真是太浪费了空间了。因此，本节我们将介绍另外一种排序方法：选择排序。

其实选择排序的基本思想我们早在第 3 章第 7 节就已经讲过。先来回顾一下 3 个数的排序。从键盘读入 3 个数并分别放入变量 a、b、c 中。

第 1 轮，先将 a 与 b 进行比较，把 a 和 b 中较大的一个放在 a 中。再将 a 与 c 进行比较，把 a 和 c 中较大的一个放在 a 中，到此第一轮结束。我们可以确定小房子 a 中存储的数一定是原先 3 个数中最大的。

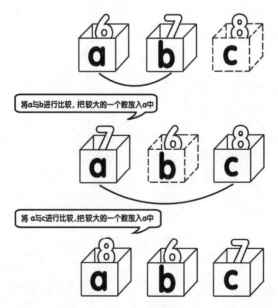

156

下面开始第 2 轮，比较小房子 b 中的数和小房子 c 中的数，将较大的数放在小房子 b 中。

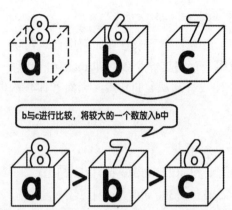

经过 3 轮比较，我们终于排序完毕，最大的数放在小房子 a 中，次大的数放在了小房子 b 中，最小的数放在小房子 c 中。

好，这次将 77、45、26、86 和 9 这 5 个数从小到大排序，请注意，我们现在是进行从小到大排序。

首先确定第 1 位上的数。

77　45　26　86　9	原始数据
77　45　26　86　9	77 和 45 比较，45 比 77 小，互换位置
45　77　26　86　9	45 和 26 比较，26 比 45 小，互换位置
26　77　45　86　9	26 和 86 比较，86 比 26 大，位置不变
26　77　45　86　9	26 和 9 比较，9 比 26 小，互换位置
9　77　45　86　26	第 1 轮排序后结果

完整的排序过程如下（2、3、4 轮均为模拟上述的方法产生的结果）：

初始数据　　[77　45　26　86　9]
第 1 轮排序后　 9 [77　45　86　26]

157

第 2 轮排序后	9	26	[77	86	45]
第 3 轮排序后	9	26	45	[86	77]
第 4 轮排序后	9	26	45	77	[86]
最后结果	9	26	45	77	86

怎么样，算法理解了没有？接下来看看如何用代码实现。

我们可以用整型数组来存储这 5 个数，即 int a[6];，其中我们不用 a[0]，只使用 a[1]～a[5]。因为我个人比较喜欢从 a[1]开始，当然若你喜欢也可以从 a[0]开始。

```
int a[6],i;
for(i=1;i<=5;i++)
    scanf("%d", &a[i]);
```

对于 a[1]来说，它需要和 a[2]、a[3]、a[4]、a[5]比较。

对于 a[2]来说，它需要和 a[3]、a[4]、a[5]比较。

对于 a[3]来说，它需要和 a[4]、a[5]比较。

对于 a[4]来说，它只需要和 a[5]比较。

如果只对 5 个数进行排序，只需进行 4 轮，因为若前 4 个数排好了，剩下的 1 个一定在最后。

我们来抽象一下，对于 a[i]来说，它需要和 a[i+1]、a[i+2]……a[5]比较。

```
for(i=1;i<=4;i++)          //对于 5 个数来说，只需要进行 4 轮，确定前 4 位
{
    for(j=i+1;j<=5;j++)   //a[i]需要和 a[i+1]、a[i+2]……a[5]比较
    {
        if(a[i]>a[j])      //这里是从小大到大排序
        {
            t=a[i]; a[i]=a[j]; a[j]=t;  //交换数值
        }
    }
}
```

完整的代码如下：

```
#include <stdio.h>
#include <stdlib.h>
int main()
{
    int a[6],i,t,j;
    for(i=1;i<=5;i++)
        scanf("%d", &a[i]);
```

```
    for(i=1;i<=4;i++)
    {
        for(j=i+1;j<=5;j++)
        {
            if(a[i]>a[j])
            { t=a[i]; a[i]=a[j]; a[j]=t; }
        }
    }
    for(i=1;i<=5;i++)
        printf("%d ",a[i]);
    system("pause");
    return 0;
}
```

我们将上面的代码稍微改动一下，就可以实现输入 n 个数，并将这 n 个数按照从小到大或者从大到小的顺序输出，自己去尝试一下吧！

第 7 节　二 维 数 组

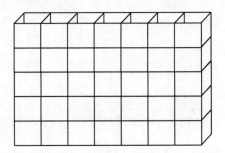

我们之前学习的都是一维数组，可是如果想表示一个"围棋的棋盘"或者我们在第 2 章第 1 节说到的"数独"时，就希望能有一种方法来表示二维的矩阵。二维数组正好可以解决这个问题。

例如，我们需要表示上面这个 3 行 4 列的矩阵该怎么办呢？很简单：

```
int a[3][4];
```

上面这行语句的作用是定义一个二维数组，它有 3 行 4 列，分别是 a[0]行、a[1]行和 a[2]行。其实你可以把这个二维数组理解为由 3 个一维数组叠加而成（这 3 个一维数组分别是 a[0]、a[1]和 a[2]）。而每 1 个一维数组又都有 4 列，分别是第[0]列、第[1]列、第[2]列和第[3]列。

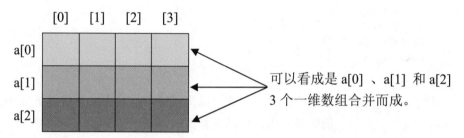

可以看成是 a[0] 、a[1] 和 a[2]
3 个一维数组合并而成。

那么如何使用这个二维数组呢？很简单，例如，第 0 行第 0 列就是 a[0][0]，第 1 行第 2 列就是 a[1][2]……

好了，小小地总结一下：int a[3][4];这条语句中第 1 个参数表示有多少行，第 2 个参数表示有多少列。因为是从 0 开始计数的，因此左上角第 1 个是 a[0][0]，右下角最后 1 个是 a[2][3]。

a[0][0]	a[0][1]	a[0][2]	a[0][3]
a[1][0]	a[1][1]	a[1][2]	a[1][3]
a[2][0]	a[2][1]	a[2][2]	a[2][3]

我们可以通过"两个 for 循环嵌套"来为这个二维数组赋值：

```
#include <stdio.h>
#include <stdlib.h>
int main()
{
    int a[3][4],i,j,x;
    x=0;
    for(i=0;i<=2;i++) //i 循环用来控制行数
    {
        for(j=0;j<=3;j++)  //j 循环用来控制列数
        {
            a[i][j]=x;
            x++;
        }
```

```
    }
    for(i=0;i<=2;i++)
    {
        for(j=0;j<=3;j++)
        {
                printf("%d ",a[i][j]);
        }
        printf("\n"); //一行打印完毕需要换行
    }
    system("pause");
    return 0;
}
```

上面这段代码的效果如下：

	[0]	[1]	[2]	[3]
a[0]	0	1	2	3
a[1]	4	5	6	7
a[2]	8	9	10	11

第8节　剩下的一些东西

本节我们来认真聊一聊数组的初始化，先来聊一维数组的。

假如我们需要申请一个大小为 10 的整型数组，并将数组中每一个"小房间"的值依次初始化为 0~9，通过之前学习的知识我们可以这样写：

数组 a

0	1	2	3	4	5	6	7	8	9
a[0]	a[1]	a[2]	a[3]	a[4]	a[5]	a[6]	a[7]	a[8]	a[9]

```
int a[10],i;
for(i=0;i<=9;i++)
  a[i]=i;
```

其实还有一个简便写法：

```
int a[10]={0,1,2,3,4,5,6,7,8,9};
```

假如需要将数组中所有"小房间"都初始化为 0，我们也可以这样写：

```
int a[10]={0,0,0,0,0,0,0,0,0,0};
```

简便写法为：

```
int a[10]={0};
```

你可能要问，如果我们把数组中的所有"小房间"都初始化为 1 的话，是不是也可以这么写呢？形如：

```
int a[10]={1};
```

很不好意思，这样写的效果是只有 a[0]的值为 1，a[1]～a[9]的值为 0。

数组 a

1	0	0	0	0	0	0	0	0	0
a[0]	a[1]	a[2]	a[3]	a[4]	a[5]	a[6]	a[7]	a[8]	a[9]

为什么呢？不要着急，请你再运行一下下面这段代码，猜一猜 a[0]～a[9]的值分别是多少？

```
#include <stdio.h>
#include <stdlib.h>
int main()
{
    int a[10]={7,9,8},i;

    for(i=0;i<=9;i++)
      printf("%d ",a[i]);
    system("pause");
    return 0;
}
```

运行之后你会发现 a[0]的值为 7，a[1]的值为 9，a[2]的值为 8，a[3]～a[9]的值都为 0。

数组 a

7	9	8	0	0	0	0	0	0	0
a[0]	a[1]	a[2]	a[3]	a[4]	a[5]	a[6]	a[7]	a[8]	a[9]

其实在定义数组时对数组进行初始化，编译器会从 a[0]开始按顺序进行赋值，后面没有具体值的将默认为 0。这样你就能理解为什么全部初始化为 0 时可以写成 int a[10]={0};但是全部初始化为 1 就不能写成 int a[10]={1};了。

你可能要问，如果只定义一个数组而不进行任何初始化，那么这个数组里面的每一个"小房间"的默认值会是什么呢？答案是：随机值。不信就试一试吧。请运行下面的代码：

```c
#include <stdio.h>
#include <stdlib.h>
int main()
{
    int a[10],i;

    for(i=0;i<=9;i++)
      printf("%d ",a[i]);
    system("pause");
    return 0;
}
```

下一个问题：二维数组如何进行初始化呢？请看下面的代码：

```c
#include <stdio.h>
#include <stdlib.h>
int main()
{
    int a[3][5]={{1,2,3},{4,5}},i,j;
    for(i=0;i<=2;i++)
    {
      for(j=0;j<=4;j++)
      {
        printf("%d ",a[i][j]);
      }
      printf("\n");
    }
    system("pause");
    return 0;
}
```

运行效果如图 6-1 所示。

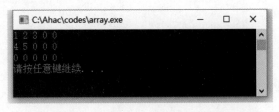

图 6-1 二维数组初始化运行结果

163

这个数组有 3 行 5 列，第 1 行我们初始化了前 3 个，第 2 行我们初始化了前两个，剩下的将全部默认为 0。需要注意的是，在初始化每 1 行时，每 1 行都要用{ }括起来才行。如果不用{ }括起来的话，会怎么样呢，自己去试一试吧！

```c
#include <stdio.h>
#include <stdlib.h>
int main()
{
    int a[3][5]={1,2,3,4,5},i,j;
    for(i=0;i<=2;i++)
    {
      for(j=0;j<=4;j++)
      {
        printf("%d ",a[i][j]);
      }
      printf("\n");
    }
    system("pause");
    return 0;
}
```

运行效果如图 6-2 所示。

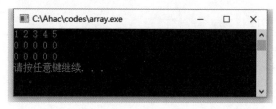

图 6-2　二维数组初始化运行结果

164

## 第 7 章

有了它你能做更多的事

第 1 节　字符的妙用

存储字符还要靠我!

在第 2 章中我们就已经知道，存储整数可以用 int，存储小数可以用 float，存储单个字符可以用 char。

我们用 char a;定义一个字符变量 a，用 scanf("%c",&a);来从键盘读取一个字符并存放在变量 a 中，用 printf("%c",a);来输出变量 a 中的字符。下面这段代码的作用就是从键盘读入一个字符并将其输出：

```c
#include <stdio.h>
#include <stdlib.h>
int main()
{
    char a;
    scanf("%c",&a);
    printf("你刚才输入的字符是%c",a);
    system("pause");
    return 0;
```

```
}
```

如何给一个字符变量赋值呢？很简单：

```
char a;
a='x';
```

请注意，x 的两边是单引号，千万不要输错了。或者可以简写为：

```
char a='x';
```

关于简写，我们已经在第 2 章的第 11 节有所介绍。忘记的同学赶快回顾一下吧！下面的内容要注意啦！

```
a='1';
```

是把字符 1 赋值给字符变量 a。请注意'1'、1、"1"是不同的。第 1 个是字符，所以两边是单引号；第 2 个是整数 1；第 3 个是字符串，所以两边是用双引号，只不过"1"这个字符串看起来里面只有 1 个字符罢了（请注意，这里看起来只有一个字符，其实并不是，后面会讲到）。

好了，了解上面有关字符的知识后，我们可以做一个稍微复杂的计算器啦。用户可以输入 a+b、a–b、a*b、a/b（这里的 a 和 b 指的是任意整数）的任意一种形式，程序便可以自动识别此时是要进行加法运算、减法运算、乘法运算还是除法运算。

由于输入的格式是"整数 运算符 整数"，所以我们需要 3 个变量：两个整数变量用来存储两个整数，一个字符变量用来存储运算符。

```
int a,b;
char c;
```

接下来就是读入部分了，输入的顺序是"整数 运算符 整数"，所以我们 scanf 的顺序就是"%d%c%d"。注意双引号中没有空格。

```
scanf("%d%c%d",&a,&c,&b);
```

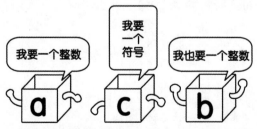

读入之后，第 1 个整数存储在整型变量 a 中，第 2 个整数存储在整型变量 b 中，

运算符存储在字符变量 c 中。接下来就要对字符变量 c 所存储的内容进行分情况讨论，如果是加号则进行加法运算，如果是减号则进行减法运算，如果是乘号则进行乘法运算，如果是除号则进行除法运算。代码如下：

```
if(c=='+')
   printf("%d",a+b);
if(c=='-')
   printf("%d",a-b);
if(c=='*')
   printf("%d",a*b);
if(c=='/')
   printf("%d",a/b);
```

至此，我们已经完成了整个程序。完整的代码如下：

```
#include <stdio.h>
#include <stdlib.h>
int main( )
{
    int a,b;
    char c;
    scanf("%d%c%d",&a,&c,&b);
    if(c=='+')
        printf("%d",a+b);
    if(c=='-')
        printf("%d",a-b);
    if(c=='*')
        printf("%d",a*b);
    if(c=='/')
        printf("%d",a/b);

    system("pause");
    return 0;
}
```

怎么样，请输入 5-6 或 5+6 试一试吧，看看计算机能否计算出正确答案呢？

第 2 节　多余的回车键

读取一个字符除了可以用 scanf("%c",&a);语句外，其实还有其他方法。

```
char a;
a=getchar();
```

a=getchar();与 scanf("%c",&a);的作用是完全一样的。我们将第 2 章第 8 节代码中的 scanf("%c",&a);替换为 a=getchar();来试验一下。

```
#include <stdio.h>
#include <stdlib.h>
int main()
{
    char a;
    a=getchar();
    printf("你刚才输入的字符是%c\n",a);

    system("pause");
    return 0;
}
```

我们输入一个字符"x"后按"Enter"键（回车键），效果如图 7-1 所示。

图 7-1　输入一个字符并输出

运行之后你会发现这与第 2 章第 8 节代码的效果是完全一样的。

没错，使用 scanf( )和 getchar( )都可以读取一个字符，但是当用户输入一个字符后，程序并不会继续往下执行，直到用户按下"Enter"键，程序才会认为刚才的输入已经结束，然后继续执行余下的内容。有时这一点显得很不友好。

其实用 scanf( )和 getchar( )来读取一个字符时，首先是将输入的字符接收到缓冲区，缓冲区是一块为用户的输入预留的内存区域。缓冲区不会自动释放，直到用户按下"Enter"键，缓冲区内的字符才会被释放，让我们的程序接收到。这意味着两件事情：第一，只要用户还没有按下"Enter"键，用户就可以用"Backspace"键（退格键）或者"Delete"键（删除键）来纠正错误的字符输入；第二，如果用户没有按下"Enter"键，输入的字符就会一直逗留在缓冲区中，不会被我们所写的程序接收到，直到用户按下"Enter"键。

有时这样的缓冲机制并不能满足我们的需求，假如要制作一个"贪食蛇"或者"走迷宫"的游戏，你可能并不希望用户在按下方向键之后仍需按下"Enter"键才会改变我们的"蛇"或者"小人"的方向。如果是这样的话，这个游戏的用户体验就太差了。我们希望在按下一个按键后，计算机能马上做出反应，而不再需要按下多余的"Enter"键。

啊哈，你有福了，getche( )就可以满足你的需求，请看下面的代码：

```
#include <stdio.h>
#include <stdlib.h>
int main()
{
    char a;
    a=getche();
    printf("你刚才输入的字符是%c",a);

    system("pause");
    return 0;
}
```

运行效果如图 7-2 所示。

图 7-2　无须按回车键就输出

试过了没有，是不是在你输入字符 x 后，还没有按下"Enter"键，计算机就立马给出了"你刚才输入的字符是 x"的反应。

我还要再介绍一个好东西，那就是更为神奇的 getch( )！那么 getche( )和 getch( )有什么区别呢，自己去试一试吧。使用 getch( )之后，我们输入字符 x 后，运行效果如图 7-3 所示。

图 7-3　无须按回车键就输出且不带回显

好了，本节介绍了 3 种新方法来读取一个字符，区别如下：
getchar()读取一个字符，输入后等待用户按"Enter"键结束（带回显）。
getche()读取一个字符，输入后立即获取字符，不用按"Enter"键结束（带回显）。
getch()读取一个字符，输入后立即获取字符，不用按"Enter"键来结束（不带回显）。

第 3 节　字符的本质

你猜字符1和1是什么关系？字符a和97又是什么关系呢？我们先来看一段代码：

```c
#include <stdio.h>
#include <stdlib.h>
int main()
{
    int i;
    for(i=0;i<=127;i++)
    {
        printf("%d %c\n",i,i);
    }
    system("pause");
    return 0;
}
```

在上面的代码中，循环变量 i 从 1 开始循环，一直循环到 128。在输出时，将整型变量 i 的值输出了两次：第一次以"%d"的方式输出，第二次以"%c"的方式输出。显然，变量 i 是整型变量，我们用"%d"的方式来输出变量 i 的值是没有任何问题的。关键问题是：我们用"%c"来输出整型变量 i 的值时计算机会输出什么呢？"%c"不是用来输出字符的吗？我们来看看运行效果，如图 7-4 所示。

高四位	ASCII非打印控制字符										ASCII 打印字符											
	0000					0001					0010		0011		0100		0101		0110		0111	
	0					1					2		3		4		5		6		7	
低四位	十进制	字符	ctrl	代码	字符解释	十进制	字符	ctrl	代码	字符解释	十进制	字符	十进制	字符	十进制	字符	十进制	字符	十进制	字符	十进制	字符	ctrl
0000 0	0	BLANK NULL	^@	NUL	空	16	▶	^P	DLE	数据链路转意	32	空格	48	0	64	@	80	P	96	`	112	p	
0001 1	1	☺	^A	SOH	头标开始	17	◀	^Q	DC1	设备控制1	33	!	49	1	65	A	81	Q	97	a	113	q	
0010 2	2	☻	^B	STX	正文开始	18	↕	^R	DC2	设备控制2	34	"	50	2	66	B	82	R	98	b	114	r	
0011 3	3	♥	^C	ETX	正文结束	19	‼	^S	DC3	设备控制3	35	#	51	3	67	C	83	S	99	c	115	s	
0100 4	4	♦	^D	EOT	传输结束	20	¶	^T	DC4	设备控制4	36	$	52	4	68	D	84	T	100	d	116	t	
0101 5	5	♣	^E	ENQ	查询	21	§	^U	NAK	反确认	37	%	53	5	69	E	85	U	101	e	117	u	
0110 6	6	♠	^F	ACK	确认	22	▬	^V	SYN	同步空闲	38	&	54	6	70	F	86	V	102	f	118	v	
0111 7	7	●	^G	BEL	震铃	23	↨	^W	ETB	传输块结束	39	'	55	7	71	G	87	W	103	g	119	w	
1000 8	8	◘	^H	BS	退格	24	↑	^X	CAN	取消	40	(	56	8	72	H	88	X	104	h	120	x	
1001 9	9	○	^I	TAB	水平制表符	25	↓	^Y	EM	媒体结束	41	)	57	9	73	I	89	Y	105	i	121	y	
1010 A	10	◙	^J	LF	换行/新行	26	→	^Z	SUB	替换	42	*	58	:	74	J	90	Z	106	j	122	z	
1011 B	11	♂	^K	VT	垂直制表符	27	←	^[	ESC	转意	43	+	59	;	75	K	91	[	107	k	123	{	
1100 C	12	♀	^L	FF	换页/新页	28	∟	^\	FS	文件分隔符	44	,	60	<	76	L	92	\	108	l	124			
1101 D	13	♪	^M	CR	回车	29	↔	^]	GS	组分隔符	45	-	61	=	77	M	93	]	109	m	125	}	
1110 E	14	♫	^N	SO	移出	30	▲	^6	RS	记录分隔符	46	.	62	>	78	N	94	^	110	n	126	~	
1111 F	15	☼	^O	SI	移入	31	▼	^-	US	单元分隔符	47	/	63	?	79	O	95	_	111	o	127	△	^Back space

图 7-4　ASCII字符

经过观察发现，"%d"确实输出了整数（1～128），这个没有问题，但是"%c"却输出了一些"乱七八糟"的字符。例如：i 的值为 1 时，通过"%c"竟然输出了一个"笑脸"；当 i 为 3、4、5、6 时，输出了扑克牌中的一些符号。

再通过仔细观察可以发现，i 为 48 时输出字符 0，i 为 49 时输出字符 1，i 为 50 时输出字符 2……i 为 57 时输出字符 9。

i 为 65 时输出大写字母 A，i 为 66 时输出大写字母 B，i 为 67 时输出大写字母 C…… i 为 90 时输出大写字母 Z。

i 为 97 时输出小写字母 a，i 为 98 时输出小写字母 b，i 为 99 时输出小写字母 c…… i 为 122 时输出小写字母 z。

你可以看看"+"、"−"、"*"、"/"、">"、"<"等所对应的数字分别是多少。

你肯定会觉得很奇怪，为什么 1～128 每一个整数在计算机中都对应 1 个字符呢（7～10 你可能看不到）？其实计算机本质上只能存储 0 和 1，任意整数都可以通过进制转换的方式变化成 0 和 1 的序列。所以表示字符最简单的方法就是把字符用整数来代替。例如，字符 a 就用 97 来表示，此处的 97 就是字符 a 的 ASCII 码。有关 ASCII 码的详细信息，有兴趣的同学可以自己在课下学习。

从某种角度来说，97 有两层含义，第 1 层含义是整数 97，第 2 层含义是字符 a。当你需要以整数的形式打印出来时就用"%d"，当你需要以字符的形式打印出来时就用"%c"。

好了，你应该知道 1 和字符 1 的区别有多大了。1 就是整数 1，而字符 1 换算成整数却是 49。

第 4 节　人名怎么存储呢

到目前为止，学了这么久，我们竟然还不知道如何存储人名！先来解决如何存储"英文人名"的问题。人名说白了就是一串字符，单个字符我们已经知道如何存储了，代码如下：

```
char a;
```

这样就定义了一个字符变量 a 来存储单个字符。那么如何存储多个字符呢？我们又想到了第 6 章学到的数组。没错，字符也有数组形式，叫作字符数组，也叫作字符串，形式如下：

```
char a[10];
```

这样就定义了一个字符数组 a，或者叫字符串 a。它有 10 个小空间，即 a[0]～a[9]。

这里需要注意的是：虽然有 10 个小空间，但实际上只能存储 9 个字符，因为最后一个小空间需要用来存储字符串的结束标记 '\0'，用来表示字符串的结尾。不要小看这个结束标记，很多地方都需要利用它。

那么如何读取一行字符串呢？有很多种方法。

```
scanf("%s",a);
```

请注意，a 前面没有取址符 "&"。这里确实很特殊，在用 scanf 进行读入时，只有与 "%s" 配合使用来读取一行字符串时，才不需要在变量前加取址符 "&"。至于为什么以后再说吧，有兴趣的同学去问问 "谷哥" 或者 "度娘"！

输出一行字符串同样很简单：

```
printf("%s",a);
```

请看下面一段代码：

```c
#include <stdio.h>
#include <stdlib.h>
int main( )
{
    char a[10];
    scanf("%s",a);
    printf("%s",a);
    system("pause");
    return 0;
}
```

上面代码的功能是，从键盘输入一行字符串，然后原封不动地将输入的字符串再次输出。假如你输入的是 hello，那么也会输出 hello，如图 7-5 所示。

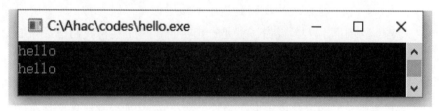

图 7-5　输出一个字符串

强调一下，此处的字符数组 a（或者称作字符串 a）只申请了 10 个空间，但只能存 9 个有效字符，因为最后一个需要用来存储字符串的结束标记 '\0'。

数组 a

'h'	'e'	'l'	'l'	'o'	'\0'				
a[0]	a[1]	a[2]	a[3]	a[4]	a[5]	a[6]	a[7]	a[8]	a[9]

好了，我们来看 1 个题目：第 1 行先输入 1 个人的名字，空 1 格后输入这个人的分数，第 2 行还是先输入 1 个人的名字，空 1 格后输入这个人的分数。代码如下：

```
Jack 90
Tom 99
```

然后请输出分数较高的这个人的名字，对于上面的输入，我们应该输出 Tom。想一想应该怎么做呢？

我们的程序需要接收 4 个信息，分别是第 1 个人的名字和分数，以及第 2 个人的名字和分数。人名我们可以用字符数组来存储，分数可以用整型来存储。因此我们需要两个字符数组和两个整型变量。

```
char a[101],b[101];
int x,y;
```

这里字符数组 a 和 b 的大小都是 101，因为一般人的名字应该不会超过 100 个字符吧！

然后需要解决的就是如何输入了。根据输入的规则，先是 1 个人名和 1 个整数，接下来还是 1 个人名和 1 个整数。

```
scanf("%s",a);
scanf("%d",&x);
scanf("%s",b);
scanf("%d",&y);
```

173

请注意，在输入时，变量 a 和 b 前面没有取址符 "&"，而 x 和 y 前面有取址符 "&"。第 1 个人的名字存储在字符数组 a 中，第 1 个人的分数存储在整型变量 x 中。第 2 个人的名字存储在字符数组 b 中，第 2 个人的分数存储在整型变量 y 中。接下来就是判断大小了：

```
if(x>y)
{
 printf("%s",a);
}
else
{
  if(x<y)
  {
    printf("%s",b);
  }
  else
  {
    printf("%s 和%s 的分数相同",a,b);
  }
}
```

好了，完整的代码如下：

```
#include <stdio.h>
#include <stdlib.h>
int main( )
{
    char a[101],b[101];
    int x,y;
    scanf("%s",a);
    scanf("%x",&x);
    scanf("%s",b);
    scanf("%x",&y);
    if(x>y)
    {
        printf("%s",a);
    }
    else
    {
        if(x<y)
        {
            printf("%s",b);
        }
        else
        {
            printf("%s 和%s 的分数相同",a,b);
```

```
        }
    }
    system("pause");
    return 0;
}
```

其实，读取字符串除了用 scanf 外还可以用 gets，用法如下：

```
char a[101];
gets(a);
```

它们有细微的区别，请分别运行代码 1 和代码 2，运行时请输入：

```
Tom Smith
```

代码 1 如下：

```
#include <stdio.h>
#include <stdlib.h>
int main( )
{
    char a[10];
    scanf("%s",a);
    printf("%s",a);
    system("pause");
    return 0;
}
```

代码 2 如下：

```
#include <stdio.h>
#include <stdlib.h>
int main( )
{
    char a[10];
    gets(a);
    printf("%s",a);
    system("pause");
    return 0;
}
```

分别运行后，你会发现代码 1 输出了：

```
Tom
```

但是代码 2 却输出了：

```
Tom Smith
```

由此可见，用 scanf 进行字符串读入时，遇到空格就提前终止了，但是用 gets 进行读入时却可以读入一整行。

同样，输出字符串除了用 printf 以外还可以用 puts，用法如下：

```
puts(a);
```

使用 puts(a)输出时，会在末尾自动换到下一行，相当于 printf("%s\n",a)。

给单个字符赋初始值很简单，但是如何给一个字符数组赋初始值呢？也很简单，在字符串的两边加上双引号和花括号就可以。例如：

```
char a[10]={"hello"};
```

第 5 节　逻辑挑战 16：字母的排序

在第 6 章中，我们已经学习过如何对整数进行排序。本节我们将学习如何对 1 行字母进行排序。即读入 1 行小写字母，然后将这行字母从 a 到 z 进行排序。

例如，如果输入：

```
dzapytrbtc
```

则需要输出：

```
abcdprttyz
```

之前已经讨论过字符的本质是整数。字符的排序和整数的排序是完全一样的。

首先申请一个字符数组 a，然后用 gets( )进行读入。

```
char a[101]; //假设读入的字符不超过 100 个
gets(a);
```

接下来要知道读入的字符串有多长，可以用 strlen( )来获取字符串的长度。定义一个整型变量 len（你可以改为你喜欢的名字）来存储字符串的长度：

```
int len;
len = strlen(a);
```

需要说明的一点就是，如果你用了 strlen( )函数，就需要在程序的最开始（第一行），增加一条语句：

```
#include <string.h>
```

最后，添加已经学习过的"选择排序"的代码，完整的代码如下：

```c
#include <string.h>
#include <stdio.h>
#include <stdlib.h>
int main()
{
    char a[101],t;
    int len,i,j;
    gets(a);
    len=strlen(a);
    for(i=0;i<=len-2;i++)
    {
        for(j=i+1;j<=len-1;j++)
        {
            if(a[i]>a[j])
            {
                t=a[i];
                a[i]=a[j];
                a[j]=t;
            }
        }
    }
    puts(a);
    system("pause");
    return 0;
}
```

第 6 节　逻辑挑战 17：字典序

我们刚刚已经知道如何对单个字符进行排序了，那如果是一个字符串呢？比如
apple 和 pear 哪一个排在前面呢？当然是 apple 排在 pear 的前面。因为 apple 在英语
字典中就排在 pear 的前面。我们在翻字典时，从第 1 页开始翻，会先看到 apple 这
个单词，然后再看到 pear，这个就是字典序。

我们来完成这样一个例子：输入两个单词，然后按照字典序输出这两个单词。

例如，我们输入：

```
pear
apple
```

需要输出：

```
apple
pear
```

读入和输出都很简单，关键是如何比较两个字符串。字符的比较可以用">"、"<"、

"<="、"<="或者"=="，但是字符串却不可以。两个字符串的比较可以用函数 strcmp( )。strcmp(a,b)就是比较字符串 a 和字符串 b 在字典中的顺序。

如果字符串 a 和字符串 b 完全相同，那么返回值为 0。

如果字符串 a 在字典中比字符串 b 先出现，那么返回值小于 0。

如果字符串 a 在字典中比字符串 b 后出现，那么返回值大于 0。

举一个例子：假设 a 和 b 是两个字符数组，分别存储两个字符串，然后把 a 和 b 按照字典序输出。

```
if ( strcmp(a,b) < 0)   // a 在 b 前面
{
    puts(a);
    puts(b);
}
if ( strcmp(a,b) > 0)   // a 在 b 后面
{
    puts(b);
    puts(a);
}
if ( strcmp(a,b) == 0)  // a 和 b 是同一个字符串
{
    puts(a);
    puts("一样的");
}
```

好了，回到本节的题目：输入任意两个字符串，将其按字典序输出。

还有，如果你用了 strcmp( )函数，也需要在程序的第一行增加一条语句：

```
#include <string.h>
```

完整的代码如下：

```
#include <string.h>
#include <stdio.h>
#include <stdlib.h>
int main( )
{
    char a[101],b[101];
    gets(a);
    gets(b);
    if ( strcmp(a,b) <= 0)
    {
        puts(a);
        puts(b);
    }
    else
```

```
        {
            puts(b);
            puts(a);
        }
        system("pause");
        return 0;
    }
```

第7节 多行字符

之前我们学习了如何存储一行字符，但如果要存储多行字符该怎么办？例如，我们需要存储 5 个人或者 5 000 个人的名字该怎么办呢。

这里我们需要使用二维字符数组，其实与我们在第 6 章学习的普通二维数组差不多：

```
char a[5][11];
```

上面的语句就定义了一个二维的字符数组，这个字符数组有 5 行，每行有 11 列，也就是说可以存储 5 个长度不超过 10 的字符串（想一想为什么不是长度不超过 11 的字符串）。其实你可以这样理解：二维字符数组 a 有 5 行，每行都可以用来存储 1 行字符串。

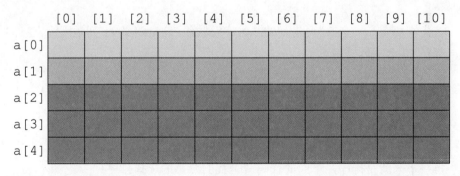

下面的代码就是读入 5 行字符串，然后将这 5 行字符串原封不动地输出。请注意在输入时每行字符串不要超过 10 个字符：

```
#include <stdio.h>
#include <stdlib.h>
int main()
{
    char a[5][11];
    int i;
```

```
    for(i=0;i<=4;i++)
    {
        gets(a[i]);
    }
    for(i=0;i<=4;i++)
    {
        puts(a[i]);
    }
    system("pause");
    return 0;
}
```

现在来解决这样一个问题：输入 5 个单词，然后把这些单词按照字典序输出。例如，输入：

```
book
books
car
zoo
apple
```

需要输出：

```
apple
book
books
car
zoo
```

首先需要定义一个 5 行 11 列的二维字符数组（这里定义 11 列是因为常见的英文单词都在 10 个字母以内）：

```
char a[5][11];
```

接下来读入这 5 个单词：

```
 for(i=0;i<=4;i++)
        gets(a[i]);
```

再接下来就是排序，下面的代码就是我们熟悉的选择排序：

```
for(i=0;i<=3;i++)
{
    for(j=i+1;j<=4;j++)
    {
        if(a[i]>a[j])
        {
            t=a[i];
            a[i]=a[j];
            a[j]=t;
```

```
        }
    }
}
```

　　原来在对整数或者字符进行排序时，a[i]、a[j]和 t 都是整数或字符。但是现在 a[i]、a[j]和 t 都是一行字符串。如果想把整个字符串 a[j]赋值给 a[i]，是不能写成 a[i]=a[j]的，需要用到字符串复制函数 strcpy( )。strcpy(a[i],a[j]);的意思就是把字符串 a[j]的内容原封不动地复制到字符串 a[i]中，从而替换掉字符串 a[i]中原来的内容。

　　使用 strcpy( )函数，也需要在程序的第一行加上：

```
#include <string.h>
```

　　另外，在本章第 6 节中，我们也已经讲过两个字符串的比较也不能直接用 ">"、"<" 或者 "=="，而要用字符串比较函数 strcmp( )。strcmp(a[i],a[j])的作用就是比较字符串 a[i]和 a[j]在字典中的顺序。

　　好了，完整的代码如下：

```
#include <string.h>
#include <stdio.h>
#include <stdlib.h>
int main()
{
    char a[5][11],t[11];
    int i,j;
    for(i=0;i<=4;i++)
    {
        gets(a[i]);
    }
    for(i=0;i<=3;i++)
    {
        for(j=i+1;j<=4;j++)
        {
            if( strcmp(a[i],a[j])>0 )
            {
                strcpy(t,a[i]);
                strcpy(a[i],a[j]);
                strcpy(a[j],t);
            }
        }
    }
    for(i=0;i<=4;i++)
    {
        puts(a[i]);
    }
    system("pause");
```

```
        return 0;
    }
```

关于字符串的处理函数还有 strcat( )等，有兴趣的同学可以自己去问"谷哥"或者"度娘"。

最后说一下，如果你需要使用二维字符数组中的某一个字符也是可以的。例如，第 0 行第 0 列就是 a[0][0]，第 1 行第 2 列就是 a[1][2]……。

a[0][0] a[0][1] a[0][2] a[0][3] a[0][4] a[0][5] a[0][6] a[0][7] a[0][8] a[0][9] a[0][10]

a[1][0] a[1][1] a[1][2] a[1][3] a[1][4] a[1][5] a[1][6] a[1][7] a[1][8] a[1][9] a[1][10]

a[2][0] a[2][1] a[2][2] a[2][3] a[2][4] a[2][5] a[2][6] a[2][7] a[2][8] a[2][9] a[2][10]

a[3][0] a[3][1] a[3][2] a[3][3] a[3][4] a[3][5] a[3][6] a[3][7] a[3][8] a[3][9] a[3][10]

a[4][0] a[4][1] a[4][2] a[4][3] a[4][4] a[4][5] a[4][6] a[4][7] a[4][8] a[4][9] a[4][10]

第 8 节　存储一个迷宫

好了，又到了本章的最后 1 节。我们已经学习了如何存储多行字符，但是一直忽略了一个问题，就是如何对二维字符数组进行初始化。例如，要存储一个迷宫该怎么办？

```
##########
#O    #  ###
# ## ##   #
#  #     # #
# #### ## #
#         #
##########
```

其实二维字符数组的初始化和一维数组的初始化差不多，我们现在回忆一下之前是如何给一维字符数组进行初始化的：

```
char a[10]={"hello"};
```

一维字符数组的初始化很简单，直接在字符串的两边加上双引号和花括号就可以。二维字符数组的初始化代码如下：

```
char a[2][10]={"hello","world"};
```

或者

182

```
char a[2][10]={"hello",
               "world"};
```

写成两行，主要是为了美观，更形象地表现出我们是在对二维字符数组进行初始化。

仔细观察后你会发现，字符数组 a 有两行，因此在初始化时有两个带双引号的字符串，并用逗号隔开。

如果要初始化本节开头的那个迷宫，我们需要定义足够大的二维字符数组，这个迷宫有 7 行，每行有 11 列。因此在定义字符数组时也要有 7 行，但是每行要有 12 列（不要忘记每行字符串的结尾要有 '\0'）。

```
char a[7][12]={"###########",
               "#O    #   ###",
               "# ## ##    #",
               "#  #    # #",
               "# #### ## #",
               "#        #  ",
               "###########"};
```

现在我们可以用 for 循环和 puts( )来把这个迷宫输出到屏幕上。因为有 7 行，但是字符数组是从第 0 行开始的，所以循环变量 i 是从 0 到 6。从第 0 行到第 6 行，而每 1 行是一个一维字符串，因此直接用 puts(a[i])就可以。代码如下：

```
for(i=0;i<=6;i++)
    puts(a[i]);
```

完整的代码如下：

```
#include <stdio.h>
#include <stdlib.h>
int main( )
{
    int i;
    char a[7][12]={"###########",
                   "#O    #   ###",
                   "# ## ##    #",
                   "#  #    # #",
                   "# #### ## #",
                   "#        #  ",
                   "###########"};
    for(i=0;i<=6;i++)
        puts(a[i]);
    system("pause");
    return 0;
}
```

第 8 章 游戏时间到了

第1节 走 迷 宫

本节我们将学习编写一个完整的小游戏"走迷宫"。你将可以通过键盘上的"W"、"S"、"A"、"D" 4 个按键来控制 1 个 "小球" 向上、下、左、右移动，目的就是让这个 "小球" 从起点走出迷宫。来看看这个迷宫吧，如图 8-1 所示。

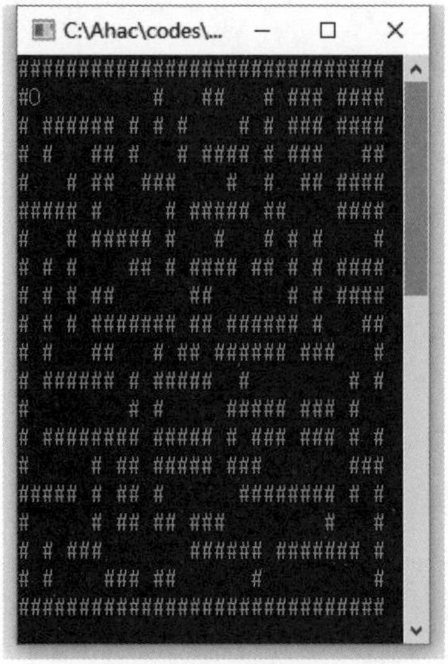

图 8-1　一个迷宫的例子

从如图 8-1 所示的迷宫，你会发现整个迷宫只有一个出口，其余的地方都被"栅栏"给拦住了。用字符#来表示栅栏，用大写字母 O 来表示小球，我们可以先来设计这个迷宫，并用二维字符数组来存储这个迷宫。

```
char a[50][50]={"##############################",
                "#O        #    ##   # ### ####",
                "# ###### # # #     # # ### ####",
                "# #   ## #  # #### # ###   ##",
                "#   # # ##  ###   # # # ## ####",
                "##### #     #  # ##### ##    ####",
                "# #   # ##### #   #   # ##    #",
                "# # #     ## # #### ## # # ###",
                "# # # #       ##     # # # ####",
                "# # # ###### ##### ###### #  ##",
                "# #   ##   # ## ##### ### #",
                "# ###### # ##### #     # #",
                "# #      #  ##  ##### ### #  #",
                "# ####### #### # ### ### # #",
                "#     # ## ##### ###       ###",
                "##### # ### #        ####### # #",
                "# #    # ## ## ###       #   #",
                "# # ###        ##### ####### #",
                "# #   ### ##       #       #",
                "##############################"
                };
```

上面这段代码定义了一个 20×30 的迷宫。如果你觉得这个迷宫太麻烦了，我们可以先设计一个简单的迷宫，代码如下：

```
char a[50][50]={"######",
                "#O #  ",
                "# ## #",
                "#  # #",
                "## #",
                "######",
                };
```

迷宫定义好后，我们就要想办法将这个迷宫输出到屏幕上。

```
for(i=0;i<=5;i++)
    puts(a[i]);
```

上面这个 for 循环从 0 到 5，共进行了 6 次循环，依次输出迷宫的第 0～5 行。puts(a[i])表示输出每一行的字符串。

对上面的代码做个小结，输出迷宫的完整代码如下：

```c
#include <stdio.h>
#include <stdlib.h>
#include <windows.h>

int main()
{
  char a[50][50]={"######",
                  "#O #  ",
                  "# ## #",
                  "#  # #",
                  "##   #",
                  "######",
                 };
  int i,x,y,p,q;

  x=1; y=1; p=1; q=5;
  for(i=0;i<=5;i++)
     puts(a[i]);

  Sleep(5000);
  return 0;
}
```

在上面的代码中，我们用变量 x 和 y 来存储小球的初始位置，用变量 p 和 q 来存储迷宫的出口。请注意：字符串是从 0 开始计数的，千万别算错了小球的初始位置及迷宫的出口位置。

现在我们就要想办法控制小球了，这里利用键盘上的"W""S""A""D"4 个按键来控制这个"小球"进行上、下、左、右移动。当然如果你喜欢，也可以用别的按键。

第 1 步：先来控制小球向下移动。也就是当你按下"S"键时，小球向下移动 1 步。

那么如何获得"S"这个按键呢，换句话说：当你按下"S"键时，我们的程序怎样知道你按的是"S"键呢？很简单，因为你按下"S"键时，本质上是输入了 1 个字符 s，我们只需读取这个字符 s 就可以了。读取一个字符有 4 种方法：

```c
scanf("%c",&ch);
ch=getchar();
ch=getche();
ch=getch();
```

我们之前已经讲过这 4 个语句的区别了，这里并不想显示输入的字符，并且希望输入的字符可以立即被程序获得，而不用在敲击 1 个字符后再敲击 1 个"Enter"

键。因此我们选用最后一个语句 ch=getch();。

好，我们已经将在键盘上敲击的字符存储在字符变量 ch 中了，接下来实现当敲击字符 s 时，让小球向下移动一步。

```
if(ch=='s')
{
    if(a[x+1][y]!='#')
    {
        a[x][y]=' ';
        x++;
        a[x][y]='O';
    }
}
```

在上面的这段代码中，我们通过 if 语句来判断刚才敲击的是否是字符 s。如果是字符 s，我们就让小球向下移动一步。但是在让小球向下移动之前，需要首先判断下一步是否能移动！只有下一步不是栅栏"#"时小球才能移动。

当 if(a[x+1][y]!='#') 条件成立时，就表示下一步不是栅栏，小球可以移动。

　　本来没有这一小段的。但是在实际教学中，仍然有一些二、三年级小朋友问我："老师，为什么 a[x+1][y]就表示向下走一步的格子呢？"其实很简单：向下移动时，小球当然还在当前这个列，不过不在这一行，而是在下一行，因此向下移动是 y 不变，x 加 1。

　　如果是向右边移动，很显然还是在同一行，所以 x 不变。但是小球已经不在刚才的那一竖列了，而在右边的一个竖列，因此 y 需要加 1。总结如下：

　　向下移动是 y 不变，x 加 1；

向上移动是 y 不变，x 减 1；

向左移动是 x 不变，y 减 1；

向右移动是 x 不变，y 加 1。

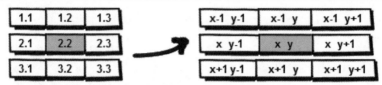

好了，啰嗦了好半天，我们来讲解下面这 3 句话的意思：

```
a[x][y]=' ';
x++;
a[x][y]='O';
```

让小球向下移动，就是让小球原本位置上的"O"变成空格，而让下一格变成"O"。第一句 a[x][y]=' ';（注意此处两个单引号中间有一个空格）就是让小球的当前位置变为空格，x++; 这句话非常重要，它表示更改小球的位置。因为小球向下运动只需要 x++ 就可以了，y 不变。最后的 a[x][y]='O';语句就是将小球新位置上的内容替换为小球"O"。

请注意：

```
a[x][y]=' ';
x++;
a[x][y]='O';
```

可不能写成：

```
a[x][y]=' ';
a[x+1][y]='O';
```

至于为什么，大家自己想想！

因为小球的位置有了变化，因此还需要将新迷宫的状态重新打印一次。在打印前记得要将之前的屏幕清屏，代码如下：

```
system("cls");
for(i=0;i<=5;i++)
    puts(a[i]);
```

好了，再进行一次小结：

```
#include <stdio.h>
#include <stdlib.h>
```

```
#include <windows.h>

int main()
{
    char a[50][50]={"######",
                    "#O #   ",
                    "# ## #",
                    "#  # #",
                    "##   #",
                    "######",
                    };
    int i,x,y,p,q;
    char ch;

    x=1; y=1; p=1; q=5;
    for(i=0;i<=5;i++)
        puts(a[i]);

    ch=getch();
    if(ch=='s')
    {
        if(a[x+1][y]!='#')
        {
            a[x][y]=' ';
            x++;
            a[x][y]='O';
        }
    }

    system("cls");
    for(i=0;i<=5;i++)
        puts(a[i]);


    Sleep(5000);
    return 0;
}
```

　　运行一下，然后按一下"S"键，是不是已经可以看到小球向下移动一步了呢？但是你只能移动一步。如何实现连续移动呢？很简单，我们可以通过 while 循环来解决问题：

```
#include <stdio.h>
#include <stdlib.h>
#include <windows.h>
```

189

```c
int main()
{
  char a[50][50]={"######",
                  "#O #   ",
                  "# ## #",
                  "#  # #",
                  "##   #",
                  "######",
                 };
  int i,x,y,p,q;
  char ch;

  x=1; y=1; p=1; q=5;
  for(i=0;i<=5;i++)
    puts(a[i]);

  while(1)
  {
    ch=getch();

    if(ch=='s')
    {
      if(a[x+1][y]!='#')
      {
          a[x][y]=' ';
          x++;
          a[x][y]='O';
      }
    }

    system("cls");
    for(i=0;i<=5;i++)
      puts(a[i]);
  }

  Sleep(5000);
  return 0;
}
```

　　暂时先使用 while(1)无限循环来解决这个问题。好了，运行一下吧。此时小球是不是可以连续移动了？当然，目前小球还只能朝一个方向运动。接下来我们就来实现小球向其他 3 个方向的运动。

　　向其他 3 个方向移动其实和"向下移动"是差不多的，只要注意是 x 在变化还是 y 在变化，是加 1 还是减 1 就可以了。

```c
#include <stdio.h>
#include <stdlib.h>
#include <windows.h>

int main()
{
  char a[50][50]={"######",
                  "#O  #  ",
                  "# ## #",
                  "#  # #",
                  "##   #",
                  "######",
                  };
  int i,x,y,p,q;
  char ch;

  x=1; y=1; p=1; q=5;
  for(i=0;i<=5;i++)
     puts(a[i]);

  while(1)
  {
    ch=getch();

    if(ch=='s')
    {
        if(a[x+1][y]!='#')
        {
            a[x][y]=' ';
            x++;
            a[x][y]='O';
        }
    }

    if(ch=='w')
    {
        if(a[x-1][y]!='#')
        {
            a[x][y]=' ';
            x--;
            a[x][y]='O';
        }
    }
```

```
        if(ch=='a')
        {
            if(a[x][y-1]!='#')
            {
                a[x][y]=' ';
                y--;
                a[x][y]='O';
            }
        }

        if(ch=='d')
        {
            if(a[x][y+1]!='#')
            {
                a[x][y]=' ';
                y++;
                a[x][y]='O';
            }
        }

        system("cls");
        for(i=0;i<=5;i++)
            puts(a[i]);
    }

    Sleep(5000);
    return 0;
}
```

好了，你是不是已经成功地走出了迷宫？可是貌似程序并没有让你很惊喜，因为没有判定你已经成功。最后我们来写一个"获胜"的检测部分。其实只需将我们之前写的 while(1)改为 while(x!=p || y!=q)就可以了。还记得吗，之前我们用 p 和 q 分别存储了迷宫出口位置的坐标。当然了，在最后我们需要打印"你获胜了"。完整代码如下：

```
#include <stdio.h>
#include <stdlib.h>
#include <windows.h>

int main()
{
    char a[50][50]={"######",
                    "#O #  ",
                    "# ## #",
```

```
                "#  # #",
                "##   #",
                "######",
            };
int i,x,y,p,q;
char ch;

x=1; y=1; p=1; q=5;
for(i=0;i<=5;i++)
    puts(a[i]);
while(x!=p || y!=q)
{
    ch=getch();
  if(ch=='s')
  {
      if(a[x+1][y]!='#')
      {
          a[x][y]=' ';
          x++;
          a[x][y]='O';
      }
  }

  if(ch=='w')
  {
      if(a[x-1][y]!='#')
      {
          a[x][y]=' ';
          x--;
          a[x][y]='O';
      }
  }

  if(ch=='a')
  {
      if(a[x][y-1]!='#')
      {
          a[x][y]=' ';
          y--;
          a[x][y]='O';
      }
  }

  if(ch=='d')
```

```
        {
            if(a[x][y+1]!='#')
            {
                a[x][y]=' ';
                y++;
                a[x][y]='O';
            }
        }
        system("cls");
        for(i=0;i<=5;i++)
            puts(a[i]);
    }
    system("cls");
    printf("You win!\n");
    Sleep(5000);
    return 0;
}
```

恭喜，你已经搞定了一个完整的"走迷宫"程序，太不容易啦！当然了，也可以让迷宫更加复杂、更加好玩，赶快与你的朋友们分享吧！

第2节 推 箱 子

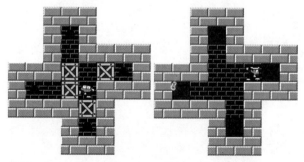

经典的推箱子游戏是一个来自日本的古老游戏，目的是训练人的逻辑思维能力。在一个狭小的仓库中，要求把木箱从开始位置推到指定位置。仓库中有障碍物，稍不小心就会出现箱子无法移动或者通道被堵住的情况，而且箱子只能推、不能拉，需要巧妙地利用有限的空间和通道，合理安排移动的次序和位置，才能顺利完成任务。没有玩过的同学可以去下载一个感受一下。

我们用"#"表示墙，"S"表示一个人，"O"表示箱子，"*"表示箱子需要到达的位置，一个简单的示例如下：

```
    ###
    #*#
    # #
####O######
#*   OS O  *#
#####O######
    # #
    #*#
    ###
```

用上、下、左、右方向键来控制小人 "S" 推动箱子并让箱子到达指定的位置，
就算胜利。

```
    ###
    #@#
    # #
#### ######
#@       S@#
##### #####
    # #
    #@#
    ###
```

再来一个：

```
##########
##     ###
##O###   #
# S O  O #
# **# O ##
##**#   ##
##########
```

将所有的箱子推到指定的地方就算过关了。

```
##########
##     ###
## ###   #
# S      #
# @@#  ##
##@@#   ##
##########
```

好了，本书的所有内容到此就全部结束了。你是不是以为我要把 "推箱子" 这

195

个游戏讲完？我想不用了，如果你是认认真真地一节一节读到这里的，我想你应该可以顺利地完成这个游戏，开启自己独立思考的编程之路。编程就如同练习武功一样，重要的是自己主动去思考，去感悟，去不断地练习。一旦打通了编程的"任督二脉"，你会发现其实编程就那么回事儿，所有的编程语言都是差不多的，一通百通。

最后还是感谢你能坚持读完整本书，确实不容易啊。从我 2011 年 10 月 28 日在武汉循礼门星巴克写下本书的第一行语句到中途重新构思本书，这期间去掉了不实用的内容，添加了有趣的章节，再到最后全部完成，经历了一年多的时间。

目前"啊哈问答"和"啊哈挑战"已经上线，你可以通过 www.tianchai.com 来进一步学习，与我和大家一起互动。

附录 A 是根据 ISO/IEC 9899:1999、维基百科和百度百科整理的。

标识符是用户编程时需要使用到的名字。在日常生活中，我们指定某个人或某样东西，都要用到他、她或它的名字。在编程语言中，变量、常量、函数也有名字，我们统称为标识符。在给人起名字时有一定的规矩，比如：头一个字为父亲或母亲的姓氏，后面一般为一个或两个字。在编程语言里的标识符也有一定的命名规则。

C 语言的标识符分为三类：保留字（也称作关键字）、预定义标识符和用户标识符。

C 语言（C99）的保留字如下：

char	short	int	unsigned	long	float
double	struct	union	void	enum	signed
const	volatile	typedef	auto	register	static
extern	break	case	continue	default	do
else	for	goto	if	return	switch
while	sizeof	_Bool	_Complex	_Imaginary	inline
restrict					

预定义标识符是指 C 语言中有特定含义的标识符。例如函数 printf、scanf、sin、isalum 等，以及编译预处理命令名（如 define、include）等。预定义标识符可以作为用户标识符使用，但是这样会失去系统规定的原意，我们不推荐这样做。

用户标识符一般是指用户自己定义的变量名和函数名等。用户在定义标识符时需要注意以下 4 点：

（1）必须是字母（A～Z 及 a～z）、数字（0～9）和下画线的组合。

（2）首字符不能是数字，但可以是字母或者下画线。

（3）不能与保留字相同。

（4）标识符对大小写敏感，即严格区分大小写。

运算符的优先级和结合性

优先级	运算符	含义	类	结合律
	名称、字面值	简单记号	主	无
16	[]	数组取下标	后缀	从左到右
	f(...)	函数调用	后缀	
	.	结构/联合成员	后缀	
	->	结构/联合间接成员	后缀	
	++	自增	后缀	
	--	自减	后缀	
	(type name){init}	复合字面值（C99）	后缀	
15	++	自增	前缀	从右到左
	--	自减	前缀	
	sizeof	数据类型长度	一元	
	~	按位取反	一元	
	!	逻辑非	一元	
	-	负号	一元	
	+	正号	一元	
	&	取地址	一元	
	*	间接访问	一元	
14	(type name)	类型转换	一元	从右到左
13	*	乘法	二元	从左到右
	/	除法	二元	
	%	求余	二元	

续表

优 先 级	运 算 符	含 义		类	结 合 律
12	+	加法		二元	从左到右
	−	减法		二元	
11	<<	左移		二元	从左到右
	>>	右移		二元	
10	<、>、<=、>=	小于、大于、小于等于、大于等于		二元	从左到右
9	==、!=	相等、不相等		二元	从左到右
8	&	按位与		二元	从左到右
7	^	按位异或		二元	从左到右
6	|	按位或		二元	从左到右
5	&&	逻辑与		二元	从左到右
4	||	逻辑或		二元	从左到右
3	?:	条件		三元	从右到左
2	=、+=、−=、*=、/=、%=、<<=、>>=、&=、^=、|=	赋值		二元	从右到左
1	,	逗号运算符（顺序求值）		二元	从左到右